CULTIVAR SETAS EN CASA

Este libro está dedicado a mis nuevos sobrinos,
Rupert y Alfie.
Tengo ganas de hacer nuestra primera excursión
con ellos en busca de setas.

BLUME

Título original *Growing Mushrooms At Home*

Edición Joanna Copestick, Isabel Jessop
Dirección de arte Yasia Williams
Diseño Florian Michelet, Mathilde Lambert
Fotografía Marcus De Fazio, Urban Farm-It
Ilustración Krissie Gwynne
Traducción Antonio Díaz Pérez
Revisión de la edición en lengua española
Antonio Gómez Bolea
Profesor de Micología (Departamento de Biología Evolutiva,
Ecología y Ciencias Ambientales; Sección de Botánica y Micología; Institut de
Recerca de Biodiversitat [IRBio]; Facultad de Biología, Universidad de Barcelona)
Coordinación de la edición en lengua española
Cristina Rodríguez Fischer

Primera edición en lengua española 2024

© 2024 Naturart, S.A. Editado por BLUME
Carrer de les Alberes, 52, 2.°, Vallvidrera
08017 Barcelona
Tel. 93 205 40 00 e-mail: info@blume.net
© 2024 Octopus Publishing Group Limited, Londres

I.S.B.N.: 978-84-19785-06-0
Depósito legal: B.3773-2024
Impreso en China

WWW.BLUME.NET

CULTIVAR SETAS EN CASA

GUÍA COMPLETA PARA CONOCER, CULTIVAR Y AMAR LOS HONGOS

BLUME

ELLIOT WEBB, URBAN FARM-IT

Contenido

Setas

Una palabra que suscita miedo a algunas personas y a otras les produce una emoción incontenible. Pero, pese a todas las emociones encontradas que pueden generar nuestras diversas relaciones con los hongos, lo cierto es que la mayoría apenas comprendemos nada de estos seres místicos, y eso por no hablar de dominar el uso de sus numerosas y maravillosas propiedades en nuestra vida cotidiana.

Hasta la llegada del nuevo milenio, la pasión por los hongos fue una cuestión marginal: se efectuaban pocas investigaciones científicas sobre el tema y la gama de setas que consumíamos (en la cultura occidental, al menos) estuvo sumamente limitada. Lo cierto es que fue una edad oscura en cuanto a nuestra relación con los hongos; además, es un ejemplo de regresión humana, en lugar de progresión, ya que, en vez de tomar alimentos de mayor calidad y más diversos y sentirnos más felices y sanos, parecíamos ir en la dirección opuesta debido al estigma geopolítico y a la falta de comprensión y desconexión con la naturaleza.

¡Cómo ha cambiado la situación! Vivimos una época apasionante en la que los hongos, con sus gloriosas ofrendas, vuelven a hacer acto de presencia en nuestras vidas. Esta bienvenida penetración se produce en todos los niveles de la sociedad. Los hongos, a la vanguardia de la ciencia moderna, demuestran que los medicamentos que se utilizan hoy en día no tienen por qué ser la mejor opción e incluso pueden ser subóptimos si se comparan con algunas alternativas naturales.

En nuestra cadena alimentaria, la capacidad de producción y el perfil nutricional de los hongos, junto con su posibilidad de cultivo intensivo en toda suerte de entornos, les permiten ocupar el lugar que les corresponde como futuros contribuyentes a la alimentación sostenible. En la cultura popular, los hongos están hoy en día a la vanguardia y tienen presencia en todo tipo de contextos, desde en los materiales básicos de la alta costura hasta en algunos de los programas de televisión más vistos.

En las próximas páginas profundizaremos en cómo y por qué todos deberíamos implicarnos más con los hongos. Tanto con las guías de cultivo detalladas como con la deconstrucción de la investigación científica, veremos en qué consisten estos seres, cómo aprovechar sus beneficios y por qué podrían cambiar para siempre nuestra forma de ver el mundo.

Dado que hay unas 140 000 especies de hongos identificadas y muchos millones por descubrir, está claro que hoy no les sacamos todo el partido posible. Para nuestros ancestros, era crucial comprender el mundo que les rodeaba para sobrevivir, pero, en la cultura consumista moderna, la mayoría hemos perdido, como era de esperar, esta conexión y esta sabiduría ancestral.

Páginas 6 y 7 Un espectacular despliegue de *Favolaschia calocera*, seta conocida en inglés con el apropiado nombre de *orange pore fungus* («hongo porado naranja»).

Página anterior Dos ejemplares de apagador (*Macrolepiota procera*) encontrados al atardecer en un campo inglés de pastoreo.

Superior Una cosecha
de lo más pródiga cultivada
y recolectada por Aimée
Cornwell, buena amiga
y entusiasta micóloga.

Reconectar con el mundo natural puede brindar muchos beneficios: este libro es el primer paso para retroceder en el tiempo.

Página siguiente Isaac Joyce y yo
nos quedamos boquiabiertos ante el
mágico mundo de estas matamoscas
(*Amanita muscaria*), ocultas entre
los pinos del sur de Gales.

Glosario

AGAR

Sustancia gelatinosa que se puede esterilizar y a la que se añaden nutrientes, lo que genera un saludable entorno de crecimiento para el micelio.

BIOFILTRACIÓN

Proceso mediante el que se emplean organismos vivos para capturar o descomponer contaminantes. Se ha demostrado que el micelio puede usarse con este fin.

BIOLUMINISCENTE

Dícese de un material o de un organismo biológico cuando emite luz, como es el caso de la seta de olivo (*Omphalotus olearius*) y del hongo fantasma (*Omphalotus nidiformis*).

BIORREMEDIACIÓN

Proceso en el que se emplean organismos que se dan de forma natural o se introducen de forma deliberada para que consuman contaminantes medioambientales.

CITOESQUELETO

Red de proteínas que se encuentra en el citoplasma de ciertas células. Es lo que le confiere estructura y forma a la célula. Los citoesqueletos de los hongos y los de los seres humanos están compuestos de proteínas similares.

COSECHA

Describe una recolección de setas. Las setas tienden a crecer varias veces en un mismo cultivo, conformando varias «cosechas».

CUERPO FRUCTÍFERO

Es la seta en sí, la cual se forma a partir del micelio.

ENTEÓGENOS

Sustancias psicoactivas que pueden provocar cambios en el estado mental, el humor y la conciencia, como sucede con el cánnabis y la psilocibina (presente en ciertos hongos). El término se usa sobre todo para referirse a sustancias empleadas en contextos espirituales o sagrados.

ESPORAS

Partículas diminutas que contienen paquetes de información genética y que son la primera etapa en el ciclo vital de algunos hongos. Las producen y dispersan los hongos con el objetivo de reproducirse.

ESTERILIZACIÓN

Proceso de tratamiento que tiene como resultado la erradicación completa de todos los organismos vivos en un material.

ETNOBOTÁNICO/A

Persona que estudia los antiguos conocimientos y costumbres en torno al uso de plantas u otros organismos con fines médicos y religiosos.

EUCARIOTA

Organismo cuyas células contienen núcleo. Tanto los seres humanos como los hongos son eucariotas.

FRUCTIFICACIÓN

Proceso que lleva a la obtención de cuerpos fructíferos a partir del micelio.

FUNGICULTURA

Cultivo de hongos tanto de forma comercial como cuando se trata de una afición. También se conoce como «micocultura».

GERMINACIÓN

Fase del desarrollo de los hongos en la que se forma el micelio a partir de una espora.

HETERÓTROFO

Organismos que obtienen su alimento de otros organismos en lugar de generarlo ellos mismos. Tanto los hongos como los seres humanos son heterótrofos, mientras que la mayoría de las plantas son organismos autótrofos (producen sus propios nutrientes y energía).

HIFA

Cada uno de los filamentos que, juntos, conforman el micelio.

HOLÍSTICO

Término que alude al tratamiento de alguna cuestión como un todo bajo la premisa de que todas sus partes están interconectadas. Así, por ejemplo, a la hora de tratar y prevenir enfermedades, la medicina holística tiene en cuenta a la persona en su totalidad (factores mentales, espirituales, sociales, etcétera), y no solo los síntomas físicos.

HONGOS

Grupo de organismos que producen esporas y se alimentan de materia orgánica.

INCUBACIÓN

Fase del proceso de cultivo de setas en la que se deja que el micelio se extienda por la materia orgánica. Requiere temperatura constante y suele tardar varias semanas

INOCULACIÓN

Fase del proceso de cultivo de setas en la que se le añade un cultivo de un hongo a una materia orgánica.

INÓCULO

Mezcla de materia orgánica con el micelio que se utiliza para el cultivo de setas.

METABOLITO SECUNDARIO

Producto de desecho del metabolismo de los organismos. En el caso de las setas, se trata de un líquido gelatinoso de color marrón. La presencia excesiva de este líquido puede implicar que algo ha ido mal en el cultivo.

MEZCLA MAGISTRAL

Combinación de madera dura y nutrientes suplementarios, como cáscaras de soja, que conforma el sustrato predilecto entre los cultivadores de setas que quieren disponer de una amplia gama de variedades de setas exóticas.

MICELIO

Parte vegetativa del hongo. Tiene forma de telaraña, está formado por miles de millones de hifas y se encarga de captar los nutrientes para los hongos.

MICÓLOGO/A

Persona que se dedica a la micología (el estudio de los hongos).

NÚCLEO

Orgánulo de la célula que controla y que contiene el ADN, portador de la información genética del organismo.

ORGANISMO

Individuo viviente, ya sea animal, vegetal, fúngico o unicelular.

ORGÁNULO

Cada una de las estructuras especializadas, contenidas por una membrana, que se encuentran dentro de las células y que desempeñan una función específica.

PASTEURIZACIÓN

Proceso de tratamiento térmico que destruye algunos de los microorganismos presentes en un producto. Se diferencia de la esterilización en que en esta se destruyen todos los microorganismos presentes, no solo algunos.

PATÓGENO

Organismo que provoca alguna enfermedad en otro.

PLASMOGAMIA

Etapa clave de la reproducción sexual de los hongos en la que dos hifas se fusionan y comparten información genética.

POROSO

Dícese de un material que permite el paso del agua a través de él.

PSILOCIBINA

Alcaloide alucinógeno que se encuentra en las llamadas «setas mágicas».

REINO

El segundo rango taxonómico más elevado (el primero es el dominio). Existen varios reinos taxonómicos, entre ellos el animal, el vegetal y el fungi (que es el de los hongos).

RIBOSOMA

Pequeña partícula compuesta de ARN (ácido ribonucleico) y otras proteínas que se encuentra en el citoplasma de las células. Los ribosomas desempeñan un papel clave en la síntesis de proteínas.

SAPROTRÓFICOS

Dícese de los organismos que obtienen los nutrientes a base de descomponer materia orgánica. Muchas setas comestibles forman parte de este grupo de seres.

SECUESTRO

Proceso mediante el que se captura y almacena una sustancia química. Suele usarse sobre todo con relación al carbono. Hoy en día se usa como forma de hacer frente al cambio climático. Aunque el proceso se produce de forma natural en el medio ambiente, también puede lograrse de forma artificial.

SENESCENCIA

Proceso de envejecimiento de las células.

SIMBIOSIS

Relación mutuamente beneficiosa entre dos organismos.

TAXONOMÍA

Sistema de clasificación de los organismos.

TINTURA

Medicamento elaborado mediante la disolución de sustancias beneficiosas en alcohol o agua.

TRÓFICO

Relativo al proceso de buscar o consumir alimentos.

VEGETATIVA, FASE

Etapa del ciclo vital de los organismos en la que estos se centran en aumentar su biomasa a través del crecimiento.

PARTE I

El ser humano y las setas

La historia del ser humano está intrínsecamente ligada a los hongos, y lo ha estado durante miles de años a nivel genético, cultural y espiritual. En la sociedad moderna, esta historia común resulta cada vez más evidente a medida que se va desarrollando nuestra apreciación de los hongos. Hoy en día se plantean sin trabas preguntas más audaces y trascendentales sobre cómo debería ser nuestra relación con los hongos. Visto lo visto, ¿serán los hongos la piedra angular que falta en nuestra vida moderna?

Parientes perdidos

A primera vista, los humanos y los hongos no parecemos estar emparentados (¿cómo íbamos a estarlo?). Nuestro aspecto es diferente, nos comportamos de forma distinta y nuestros ciclos de vida son muy diferentes. Sin embargo, lo cierto es que los humanos estamos más emparentados con los hongos de lo que pudiera pensarse; de hecho, los hongos tienen más en común con nosotros que con las plantas.

Tanto los humanos como los hongos somos eucariotas (es decir, que las células poseen orgánulos rodeados por una membrana, como es el caso del núcleo), y si nos remontamos a nuestro linaje genético hasta hace unos mil millones de años, veremos que tanto humanos como hongos formamos parte de un grupo ancestral común llamado «opistocontos». Las herramientas de nuestras células que se encargan de sintetizar proteínas y ribosomas presentan una gran similitud,

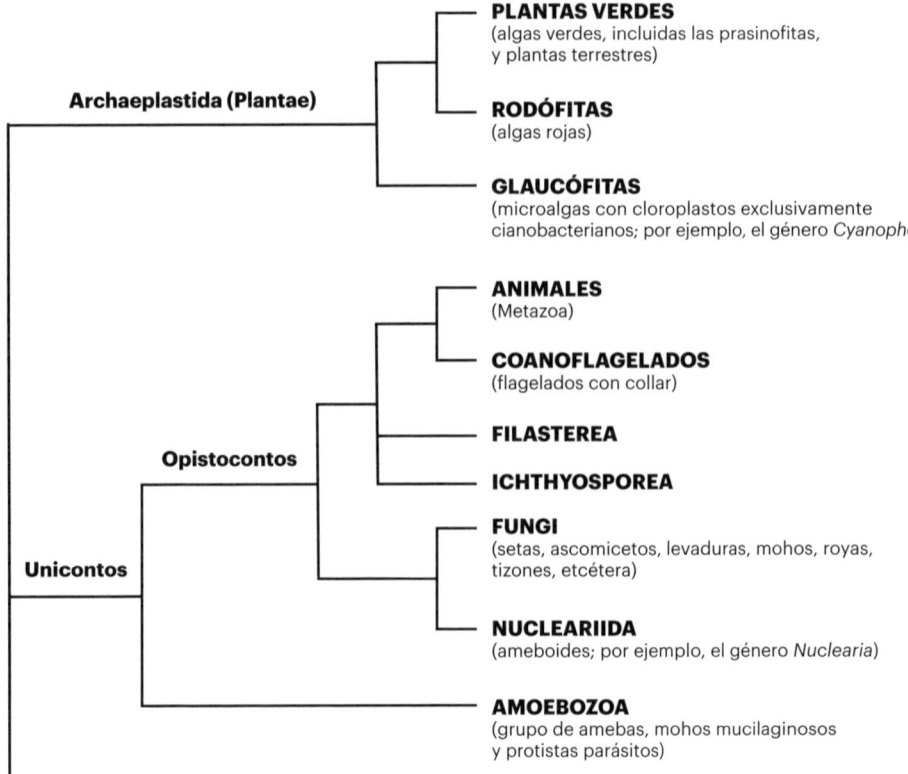

PLANTAS VERDES
(algas verdes, incluidas las prasinofitas, y plantas terrestres)

Archaeplastida (Plantae)

RODÓFITAS
(algas rojas)

GLAUCÓFITAS
(microalgas con cloroplastos exclusivamente cianobacterianos; por ejemplo, el género *Cyanophora*)

ANIMALES
(Metazoa)

COANOFLAGELADOS
(flagelados con collar)

FILASTEREA

ICHTHYOSPOREA

Opistocontos

FUNGI
(setas, ascomicetos, levaduras, mohos, royas, tizones, etcétera)

Unicontos

NUCLEARIIDA
(ameboides; por ejemplo, el género *Nuclearia*)

AMOEBOZOA
(grupo de amebas, mohos mucilaginosos y protistas parásitos)

lo que da lugar a secuencias y funciones proteicas muy comparables.

La forma en que obtenemos los nutrientes también es muy similar. Los hongos suelen realizar la digestión externa a través de enzimas que generan los micelios, y nosotros realizamos la digestión interna mediante enzimas producidas en el intestino. Además, las membranas celulares de personas y hongos están formadas tanto por lípidos como por proteínas, a lo que hay que sumar que el citoesqueleto de ambos está formado por proteínas similares, como la tubulina.

Podría decirse que a nivel celular existen algunas similitudes sorprendentes y fundamentales entre los hongos y los seres humanos. Con todo, hay que señalar que, incluso con estas similitudes genéticas básicas, ambos organismos han evolucionado para ocupar nichos ecológicos diferentes, bajo presiones evolutivas muy dispares y a lo largo de un enorme período de tiempo.

Página anterior Mapa genético en el que figuran los principales reinos de la vida en la Tierra y sus orígenes. Obsérvese que el ser humano tiene un mayor parentesco con los hongos que estos con las plantas.

Superior La delicada seta comestible mucídula viscosa (*Mucidula mucida*).

Inferior Comparativa entre las células humanas y las fúngicas: las similitudes son pasmosas.

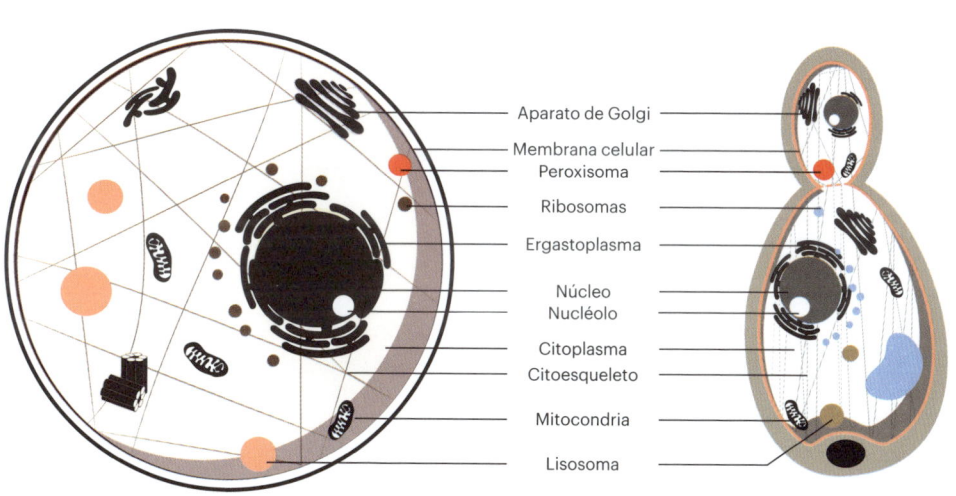

Aparato de Golgi
Membrana celular
Peroxisoma
Ribosomas
Ergastoplasma
Núcleo
Nucléolo
Citoplasma
Citoesqueleto
Mitocondria
Lisosoma

Superior Setas que crecen en estiércol, rico en nutrientes.

Izquierda Los monguis (*Psilocybe semilanceata*) son unas setas psicodélicas muy extendidas en Europa.

La teoría del mono colocado

Lo que se conoce como «teoría del mono colocado» suena a una broma entre estudiantes en el zoológico, y lo cierto es no fue este el nombre que eligió quien la formuló. Se trata de una hipótesis muy controvertida que causó conmoción en la comunidad académica cuando Terence McKenna la dio a conocer en 1992 en el libro *Food of the Gods* (*El manjar de los dioses*).

McKenna, además de etnobotánico, defendió el uso de medicamentos psicodélicos naturales. Sugirió que las cualidades humanas del lenguaje, la autorreflexión y el pensamiento consciente tal vez se debieran al consumo continuado de setas con psilocibina por parte de nuestros antepasados. La psilocibina es una sustancia que guarda una estrecha relación con la serotonina (una hormona del bienestar) y que se encuentra en diversas setas psicodélicas, como, por ejemplo, los monguis (*Psilocybe semilanceata*). Esta teoría también podría explicar la «explosión creativa» de hace unos 40 000 años, en la que, al parecer, se produjo un aumento significativo y relativamente repentino de las capacidades cognitivas de los humanos.

En esencia, la teoría sugiere que, a medida que cambiaron el comportamiento humano y el entorno, empezamos a rastrear y cazar animales con más frecuencia, lo que nos dio muchas más oportunidades de toparnos con las setas que contienen psilocibina y que prosperan en el estiércol, rico en nitrógeno, de los animales de rebaño. Las propiedades psicodélicas de estas setas pudieron haber permitido que nuestros antepasados establecieran conexiones más significativas entre símbolos, sonidos y significados, lo que podría ser el origen de la comunicación y el lenguaje, a la vez de lo que desencadenó una mejora de la creatividad y el sentido del yo.

Aunque pueda parecer verosímil, hay que tener presente que es extremadamente difícil tanto comprobar como refutar esta teoría. Existen muchas preguntas sin respuesta relacionadas con la consciencia humana, y la investigación sobre las sustancias psicodélicas está aún en pañales. Es probable que hubiera muchos factores concurrentes que contribuyeran de forma simultánea al surgimiento del pensamiento consciente humano.

Ötzi, «el hombre de hielo»

Sabemos que la búsqueda de setas con fines alimentarios y medicinales debió de ser clave en la dieta de los cazadores-recolectores, ya que abundaban en la época y tienen un interesante perfil nutricional. Sin embargo, el descubrimiento de restos antiguos nos ha permitido profundizar en esta idea.

Ötzi, «el hombre de hielo», es un cuerpo excepcionalmente bien conservado que se encontró en los Alpes ítaloaustríacos en 1991. Vivió durante la Edad del Cobre, hace unos 5300 años, y su cuerpo es uno de los ejemplares conservados más antiguos descubiertos hasta la fecha. Como su cuerpo se ha conservado muy bien en el hielo, podemos ver con detalle su estilo de vida y sus hábitos, y sabemos que tenía en su poder dos setas sumamente comunes.

El yesquero de abedul (*Fomitopsis betulina*), como su nombre indica, prospera en la mayoría de los bosques europeos que contienen abedules. Es una seta que ha cambiado muy poco desde los tiempos de Ötzi. Aunque es comestible, su textura leñosa hace que hoy no sea la opción predilecta para uso culinario. Sin embargo, tiene ciertos usos medicinales espectaculares, ya que posee propiedades antimicrobianas, antivirales y antiinflamatorias. Resulta evidente que Ötzi conocía estas propiedades, ya que se descubrió que tenía en el intestino huevos de una oruga parásita. Es probable que llevara la seta para tratarse este parásito, e incluso otros. Además, el yesquero de abedul se ha empleado como apósito por su naturaleza gomosa y sus propiedades antibióticas.

La otra seta que tiene en su poder, el hongo yesquero (*Fomes fomentarius*), también se conoce como «hongo pata de caballo». Al igual que el yesquero de abedul, en la actualidad no sería una primera opción para comer; sin embargo, sí que era de suma utilidad para el hombre antiguo: si se prepara de la forma correcta, puede generar una llama y arder durante mucho tiempo, por lo que es idóneo tanto para encender fuego como para transportar brasas, un requisito clave para la supervivencia en los Alpes de la Edad del Cobre.

Inferior Envés de un yesquero de abedul (*Fomitopsis betulina*).

Página siguiente Una cesta a rebosar de trompetas de los muertos (*Craterellus cornucopioides*) encontradas en el campo.

Página anterior Ejemplares de la seta venenosa hifoloma de láminas verdes (*Hypholoma fasciculare*).

Superior La matamoscas (*Amanita muscaria*) es una seta psicodélica que se ha usado con fines rituales durante miles de años.

Rituales

Las sustancias psicoactivas parecen haber desempeñado un papel importante en la formación de muchas religiones y la celebración de rituales a lo largo de la historia. Así, por ejemplo, la matamoscas (*Amanita muscaria*) es un elemento clave en el chamanismo siberiano.

Sin embargo, también se cree que existen vínculos históricos entre las religiones predominantes y el consumo de setas psicodélicas que no resultan tan evidentes. Aunque carecemos de pruebas concluyentes, el simbolismo y la liturgia del cristianismo primitivo pueden indicar una conexión. Dentro de la teoría de los enteógenos (la idea de que las drogas psicoactivas conformaron la base de la religión), se cree que los primeros cristianos podrían haber usado sustancias psicodélicas para tener visiones y experiencias que les conectaran más con Dios, lo cual estaría en la línea de las descripciones que hacen los consumidores actuales de setas psicodélicas. Los partidarios de esta teoría destacan la presencia de símbolos parecidos a setas en obras de arte cristianas y lo interpretan como una prueba.

Los misterios de Eleusis eran una ceremonia griega de iniciación en la que se utilizaba un brebaje psicodélico llamado «ciceón» (*kykeon*). Se ha especulado con la posibilidad de que los primeros cristianos incorporaran estas ceremonias, o al menos se vieran influidos por ellas, a la hora de elaborar sus propios rituales. Aunque este tipo de teorías no se acompañan de pruebas concretas, sí apuntan a que las sustancias psicodélicas y las religiones antiguas y modernas han coexistido a lo largo de la historia y que tienen profundas conexiones.

En la cultura mesoamericana, el consumo de la seta psicodélica *k'aizalaj okox* es un ritual que se cree que tiene al menos 3500 años de antigüedad. Era una herramienta fundamental para abrir canales de comunicación con los dioses, tender un puente entre este mundo y el de los espíritus y proporcionar una visión mística. Los antiguos aztecas llamaban a estas setas teonanácatl, «carne de los dioses», en náhuatl.

Página anterior Seta de piedra hecha por los mayas en el siglo v. Estas piedras, que es probable que formaran parte de rituales religiosos, apuntan a la posibilidad de que en las ceremonias se utilizaran setas alucinógenas.

Superior Fresco del siglo XIII procedente de la capilla de Plaincourault, en Mérigny, Francia. Representa a Adán y Eva con un árbol en forma de seta. Algunos investigadores ven en esta representación una sugerencia de que los primeros cristianos consumían setas psicoactivas.

Sin embargo, estas culturas antiguas no utilizaban solo las setas por sus capacidades psicodélicas: también estaban en los fundamentos de su cultura y eran una piedra angular en su enfoque de la medicina y la dieta. Los arqueólogos han descubierto abundantes obras de arte, piezas cerámicas, murales y tallas que representan setas, las cuales suelen parecer que guardan relación con la fertilidad, la trascendencia o lo sobrenatural.

Así, puede verse que el uso de setas psicodélicas dentro de la religión o de la práctica cultural ha estado generalizado tanto cronológica como geográficamente. Las razones de su uso parecen guardar una clara relación directa con nuestras experiencias actuales: para alcanzar estados alterados de conciencia, claridad, visiones, reflexiones y pensamiento creativo.

PARTE II

Introducción a los hongos

Si las setas no son verduras, entonces, ¿qué son? En términos técnicos, son el órgano reproductor, o cuerpo fructífero, de los hongos que crecen a partir de un micelio. En este capítulo exploraremos algunos de los secretos que se ocultan bajo las setas que vemos crecer y las maravillas de este mundo invisible.

Hablaremos además del papel crucial de los hongos en la naturaleza y conoceremos la *wood wide web*, término con el que se alude a la interconectividad entre plantas y árboles en nuestros bosques. Este sistema existe gracias a las redes miceliales subterráneas, que permiten que las plantas intercambien nutrientes e incluso se comuniquen.

El micelio

Aunque tal vez piense que las setas que se ven en el suelo del bosque o que crecen de los árboles son la parte principal del organismo, no es así. Todos los hongos que producen setas cuentan con el llamado «micelio» (una parte a menudo oculta bajo tierra o en el interior de los troncos de los árboles), y en la mayoría de los casos es la parte más significativa del organismo, tanto en cuanto a la masa como a la función.

El micelio, que es la parte vegetativa de los hongos, está formado por una red de estructuras filamentosas llamadas «hifas». Estas pueden llegar a alcanzar longitudes increíbles (se han documentado algunas de kilómetros), mientras que solo tienen entre 4 y 6 micras de grosor. Las hifas pueden ramificarse y fusionarse entre sí, con lo que generan las estructuras tridimensionales de enorme complejidad que le permiten al micelio extenderse con eficacia en todas direcciones a través de los materiales orgánicos y proporcionar una gran superficie para la digestión.

El micelio está por doquier, a menudo sin que nos percatemos siquiera de ello. Aunque parezca increíble, el micelio puede constituir hasta el 90 por ciento de la biomasa de algunos suelos, y, sin embargo, rara vez se le reconoce su papel clave en la salud de estos. Las redes miceliales pueden ser enormes y a veces abarcan zonas inmensas. De hecho, el mayor organismo conocido, descubierto en Oregón, Estados Unidos, llamado Humongous Fungus («hongo gigantesco»), ocupa 8,8 km² y tiene una antigüedad de 8650 años. Si bien se trata de un ser inusual, ya que alcanzar tal tamaño es de lo más infrecuente, existen ejemplos más comunes de un comportamiento micelial similar en los llamados «anillos de hadas»: se trata de anillos de setas que suelen encontrarse en praderas y que se extienden de forma progresiva hacia el exterior año tras año a medida que el micelio busca nutrientes frescos bajo el suelo. Suelen medir desde un par de centímetros hasta varios metros de diámetro.

Un micelio denso y maduro da lugar a este abundante brote de orellanas amarillas (*Pleurotus citrinopileatus*).

Un místico «anillo de hadas», resultado de la expansión del micelio en busca de nutrientes frescos.

Uno de los rasgos definitorios del micelio es la forma en que extrae nutrientes y otros recursos esenciales del entorno. Las plantas son fotosintéticas (generan su propia energía a partir de la luz), mientras que los hongos son heterótrofos, lo que significa que no pueden producir su propia energía, sino que deben extraerla del entorno. Para ello, las hifas segregan enzimas que descomponen moléculas complejas, como la lignina o la celulosa, a fin de obtener otras más solubles y fáciles de absorber. Este método de digestión extracelular permite a los hongos descomponer la materia orgánica muerta y disponer de los nutrientes que contenga.

El micelio no debe verse como una masa caótica de células vivas que absorbe todo lo que encuentra a su paso, sino como un órgano muy sensible que responde a los cambios de su entorno y que incluso sortea obstáculos de forma inteligente cuando busca recursos frescos y adecuados. El micelio, debido a su función, muestra un comportamiento denominado «tropismo», por el cual se aleja o se acerca a ciertos factores del entorno, como las sustancias químicas, los nutrientes, la luz y las barreras físicas.

Esta capacidad del micelio para explorar su entorno es objeto de estudio. Así, en un experimento se colocó un micelio en el centro de una estructura tipo laberinto con diferentes rutas hacia las fuentes de alimento. El micelio logró desplazarse por el recorrido, optimizar su crecimiento, explorar e identificar con eficacia rutas claras hacia los recursos. Así, quedó demostrado que los hongos tienen una elevada inteligencia, y algunos pueden incluso resolver problemas específicos. A esto hay que sumarle la nueva ola de investigación sobre sistemas bioinformáticos basados en el micelio, ya que, gracias a su capacidad para trazar rutas de una forma eficiente, el micelio puede ayudar a resolver problemas de diseño, asignación de recursos y enrutamiento.

No nos podemos hacer una idea de la importancia del papel que desempeña el micelio tanto en el ciclo vital de los hongos como en la naturaleza en general. En el caso de muchos hongos, el crecimiento y la reproducción dependen del micelio, pero la capacidad de este para descomponer la materia orgánica (a fin de obtener nutrientes), regenerar los suelos y establecer relaciones simbióticas con otros organismos hace que sea el eje de muchos de nuestros más preciados ecosistemas. Tanto es así, que se cree que alrededor del 90 por ciento de las plantas dependen de una relación mutuamente beneficiosa con hongos. Hablaremos de esta increíble relación más adelante.

Un micelio que se abre paso entre un sustrato de paja y digiere nutrientes. Se pueden apreciar con claridad las distintas hifas, semejantes a lana de algodón.

Los distintos tipos de hongos

Empecemos por el principio y aclaremos algunas definiciones, ya que es fácil confundir los distintos tipos de hongos, setas e incluso plantas.

El término «reino» forma parte del sistema de agrupación científica denominado «taxonomía», establecido por Linneo (Carl Linnæus) en el siglo XVIII para poner orden en la diversidad de la vida. Los hongos son un grupo de organismos de una increíble diversidad y que conforman su propio reino, al margen de los de las plantas, los animales, los protistas y las bacterias.

He aquí un ejemplo del sistema de clasificación taxonómica que describió Linneo aplicado a la seta *Agaricus bisporus*. Cada especie se sitúa en grupos por amplitud decreciente. En este caso, la especie es la unidad básica y el grupo más amplio es el dominio, aquí Eukaryota (organismos con células con núcleo). Gracias a este método, podemos cartografiar los vínculos genéticos entre especies o grupos más amplios de organismos. Pero ha de tenerse en cuenta que a veces la aparición de nueva información puede alterar estas agrupaciones. Por increíble que parezca, hasta la década de 1960 los hongos no se consideraron un reino propio e independiente del de las plantas.

Agaricus bisporus

CLASIFICACIÓN CIENTÍFICA

Dominio	Eukaryota
Reino	Fungi
División	Basidiomycota
Clase	Agaricomycetes
Orden	Agaricales
Familia	Agaricaceae
Género	*Agaricus*
Especie	*bisporus*

NOMBRE BINOMIAL

Agaricus bisporus
(J. E. Lange) Imbach (1946)

SINÓNIMO

Psalliota hortensis* f. *bispora
J. E. Lange (1926)

Sin embargo, la consideración de este grupo es una relativa novedad a ojos de la ciencia. Aunque los hongos se identificaron como subgrupo propio en el siglo XVIII, hasta la década de 1960 no se aceptó de forma universal su independencia del reino vegetal, lo cual fue un momento clave. Fueron varias características de los hongos (como su singular ciclo reproductivo, su capacidad para absorber nutrientes a través de las hifas y la estructura de sus paredes celulares) las que los permitieron distinguirse de las plantas.

Dentro del reino fungi existen muchas especies (pero no todas) que producen setas, que son el cuerpo fructífero reproductor de los hongos. Así las cosas, no es verdad que todos los hongos produzcan setas.

Página siguiente
El liquen es una relación mutuamente beneficiosa entre un hongo y un alga o una bacteria.

Inferior Ejemplar de políporo azufrado (*Laetiporus sulphureus*) encontrado en un atardecer a finales de primavera.

Existen muchos sistemas por los que podemos agrupar especies a fin de identificar similitudes y, por tanto, comprender mejor los grupos de comportamiento. Uno de los enfoques más prácticos y lógicos es el que se basa en agruparlas por su función ecológica o su estilo de vida.

LEVADURAS

Organismos unicelulares con paredes celulares similares a las de las plantas pero sin la capacidad de generar su propio alimento. Se alimentan de azúcares y almidones de su entorno y liberan gas carbónico, proceso que se aprovecha en la cocina y en la elaboración de cerveza.

SAPROTRÓFICOS

Los miembros de este grupo obtienen los nutrientes que necesitan a base de descomponer materia orgánica muerta, como la madera, a menudo mediante enzimas. Buena parte de las especies de setas más cultivadas para el consumo forma parte de este grupo.

MUTUALISTAS

Estos hongos forman relaciones mutuamente beneficiosas, o simbióticas, con otros organismos, como plantas o animales. La subcategoría de los hongos micorrícicos (que se asocian con plantas para intercambiar nutrientes como el fósforo y el agua del suelo por el carbono del aire) es crucial en ecología.

FORMADORES DE LIQUEN

Un fascinante grupo que establece relaciones mutuamente beneficiosas con algas o cianobacterias para crear líquenes. Los hongos proporcionan el hábitat adecuado para las algas o las cianobacterias, que, a su vez, aportan carbono mediante la fotosíntesis.

FILAMENTOSOS

Los miembros de este apasionante grupo forman estructuras muy complejas a partir de un sinfín de filamentos individuales ramificados llamados «hifas». Estas estructuras constituyen una red micelial y de ellas pueden brotar setas.

PARÁSITOS

Estos hongos viven sobre o dentro de otros organismos y algunos de ellos pueden ser patógenos, lo que significa que le provocan enfermedades al huésped.

ENDÓFITOS

Los hongos de este grupo viven dentro de tejidos vegetales vivos sin influir de forma negativa en el huésped y, en algunos casos, pueden ser beneficiosos para él (pueden, por ejemplo, producir metabolitos que disuadan a los animales de comerse la planta).

Existen, claro está, otros métodos de agrupación, así como otros grupos además de los expuestos en la página anterior. Una especie puede incluso pertenecer a dos o más de estas categorías (eso es lo bonito de la diversidad evolutiva), a lo que hay que sumar que existen muchas subcategorías. Así, por ejemplo, el hongo pipa (*Ganoderma lucidum*) es filamentoso y saprotrófico, lo que significa que tiene una red micelial y, además, digiere los nutrientes de su entorno inmediato.

En la fungicultura moderna predominan las especies saprotróficas filamentosas, ya que suelen producir setas aprovechables, crecen sobre una gran variedad de materia orgánica y no dependen de ninguna relación con otros organismos, aspectos que facilitan que se den las condiciones adecuadas para que prosperen.

Muchas de las especies más apreciadas y populares para el cultivo son lo que llamamos «lignícolas» («amantes de la madera»), lo que significa que su principal fuente de alimento contiene lignina, que se encuentra en las células de las plantas y es lo que hace que sean rígidas y leñosas. Forman parte de este grupo, entre muchos otros, la seta de roble (*Lentinula edodes*), el políporo frondoso (*Grifola frondosa*), los hongos del género *Pleurotus*, la melena de león (*Hericium erinaceus*) y el yesquero multicolor (*Trametes versicolor*).

Debido a su facilidad de cultivo, a sus grandes cuerpos fructíferos, a su diversidad y a la disponibilidad de sustratos de crecimiento, las técnicas de cultivo de este libro se centran en estos hongos amantes de la madera. No obstante, también abordaremos una amplia gama de otras categorías de hongos, ya que cada una de ellas desempeña un papel crucial en el mundo que nos rodea.

Extremo superior izquierda Una matamoscas (*Amanita muscaria*) brotando de su huevo; *extremo superior derecha* Una ramaria apretada (*Ramaria stricta*) entre la hojarasca; *superior izquierda* Un aterciopelado yesquero multicolor (*Trametes versicolor*); *superior derecha* El siniestro coprino blanconegro (*Coprinopsis picacea*).

Página siguiente, superior Un enorme y parásito hongo de miel (*Armillaria mellea*); *inferior izquierda* Ejemplar joven de apagador (*Macrolepiota procera*); *centro* Coprinos diseminados (*Coprinellus disseminatus*); *inferior derecha* Xilaria de la madera (*Xylaria hypoxylon*).

El ciclo vital de las setas

En el caso de los hongos que dan setas, la primera etapa de su ciclo vital (o la última, según se mire) es la liberación de esporas. Se trata de diminutos paquetes de información genética que se producen en las láminas (también llamadas «lamelas») de los sombreros de las setas. Cuando las esporas aterrizan en un entorno adecuado, puede producirse la germinación y formarse el micelio. Este proceso puede durar entre 20 minutos y 15 horas. Durante este, una hifa busca otra hifa compatible para aparearse, y, una vez que la encuentra, tiene lugar la llamada «plasmogamia», en la que los dos protoplasmas se fusionan sin que se produzca la fusión de los núcleos para conformar el nuevo individuo.

A continuación, este micelio se extiende por la materia orgánica y digiere los nutrientes hasta que se dan las condiciones ambientales adecuadas para empezar a producir setas. Al principio, adopta la forma de un nudo hifal en el que comienzan a agruparse las distintas hifas. Este paso depende de varios factores, como los estímulos ambientales y la disponibilidad de nutrientes.

Una vez que se han desarrollado por completo, las setas pueden liberar esporas. Esta liberación suele producirse por la humedad, la temperatura, las corrientes de aire o el contacto directo. Así, el pedo de lobo (*Lycoperdon perlatum*) suelta sus esporas cuando entra en contacto con un animal, e incluso con una gota de lluvia. Existen dos formas principales de reproducción de los hongos: la sexual (teleomorfo) y la asexual (anamorfo). Los miembros con reproducción sexual se denominan «hongos imperfectos» y los que presentan reproducción sexual se denominan «hongos perfectos». Además, los hongos poseen un gran número de sexos potenciales. Ejemplo de ello es el hongo *Schizophyllum commune*, que tiene más de 20 000 sexos, a diferencia de los dos de los seres humanos.

En la reproducción sexual, dos hifas de micelio genéticamente distintas se fusionan para formar un nuevo individuo que tiene material genético de ambos progenitores.

Inferior El hongo *Schizophyllum commune*, especie con más de 20 000 sexos.

Página siguiente, superior La anatomía de una seta típica (tenga presente que pueden darse grandes variaciones respecto a esta estructura clásica); *inferior* El ciclo vital de una seta, desde la espora hasta el cuerpo fructífero.

En la reproducción asexual, el micelio genera un cuerpo fructífero sin fecundación de otro individuo. En el proceso de gemación, en los hongos unicelulares, la célula madre produce un pequeño crecimiento (yema) que al final se separa para convertirse en el nuevo individuo.

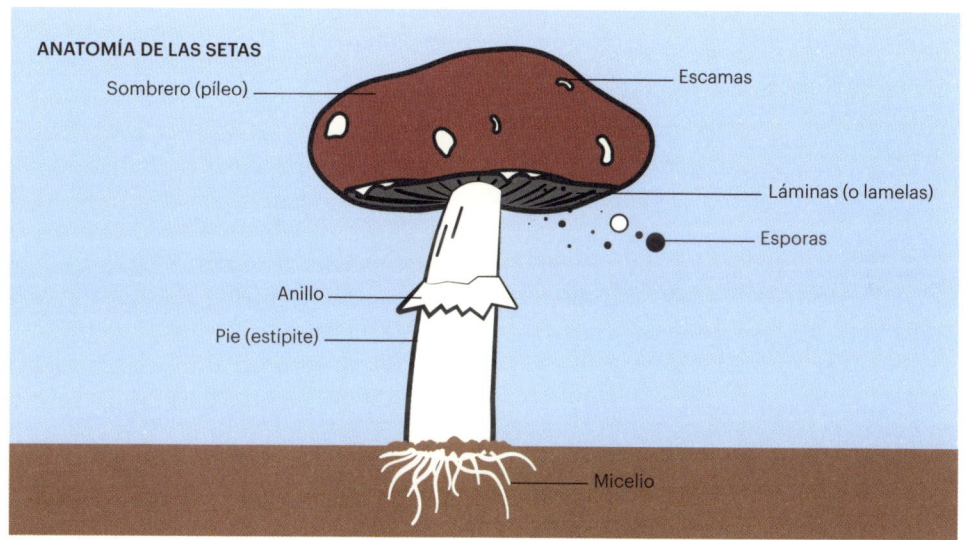

ANATOMÍA DE LAS SETAS

Sombrero (píleo)

Escamas

Láminas (o lamelas)

Esporas

Anillo

Pie (estípite)

Micelio

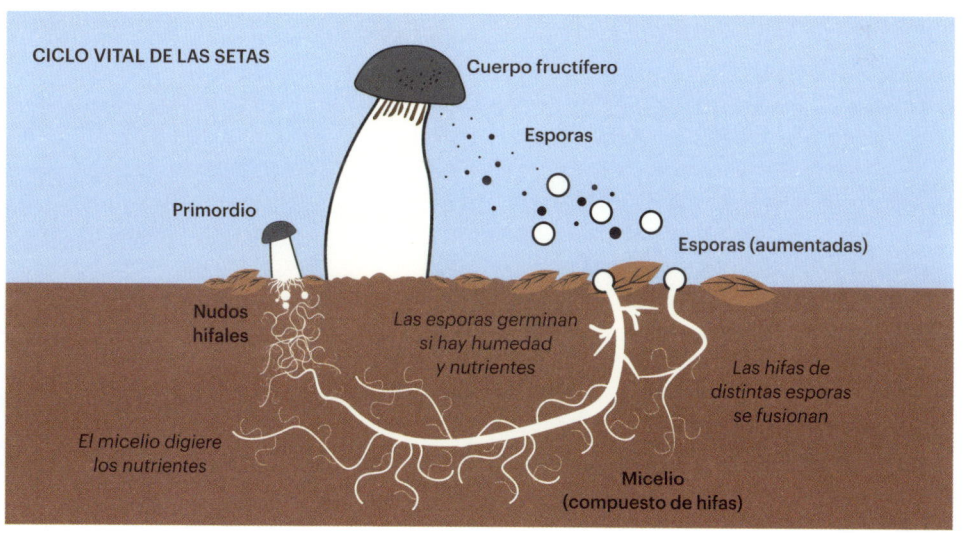

CICLO VITAL DE LAS SETAS

Cuerpo fructífero

Esporas

Primordio

Esporas (aumentadas)

Nudos hifales

Las esporas germinan si hay humedad y nutrientes

Las hifas de distintas esporas se fusionan

El micelio digiere los nutrientes

Micelio (compuesto de hifas)

El papel de las setas en la naturaleza

WOOD WIDE WEB

Puede que ya haya oído mencionar el término *wood wide web* («web de la madera»). Si no es así, conocer este concepto puede cambiarle para siempre su forma de ver el mundo. La científica canadiense Suzanne Simard fue quien utilizó por primera vez el término para describir el modo en que las complejas redes miceliales subterráneas pueden conectar árboles y otras plantas dentro de los bosques. Sus investigaciones demostraron que muchas plantas no son individuos aislados, sino que en realidad están conectadas entre sí a través de la red micelial, cuyo propósito es transferir nutrientes y agua, e incluso facilitar la comunicación entre plantas.

Las hifas de los hongos mutualistas / micorrícicos pueden fusionarse con las raíces de las plantas y, así, formar estructuras en forma de quiste a través de las cuales pueden intercambiarse recursos. Las plantas pueden compartir recursos a través de esta red con otras plantas conectadas a ella de forma similar. Por increíble que parezca, esta comunicación también puede producirse mediante señales químicas. Así, por ejemplo, si a un árbol le ataca una plaga, puede emitir señales que «avisen» a los demás árboles de la presencia de dicha plaga para que estos puedan reaccionar y, como resultado, tener más posibilidades de supervivencia. Del mismo modo, si un árbol joven situado cerca de su progenitor tiene dificultades para obtener recursos en época de sequía, dicho progenitor puede compartir el agua con el árbol joven, que es más vulnerable.

La *wood wide web* no solo ayuda a los individuos, sino que también mejora la salud y la resiliencia del bosque en su conjunto y cataliza muchos procesos cíclicos esenciales, como la descomposición, el ciclo de los nutrientes y el ciclo del carbono. Resulta maravilloso ver que la *wood wide web* demuestra que la longevidad tanto de las especies individuales como de los ecosistemas se mantiene gracias a la comunidad y al reparto de la llamada «presión de supervivencia».

Ejemplar de rebozuelo atrompetado (*Craterellus tubaeformis*) procedente de un bosque antiguo.

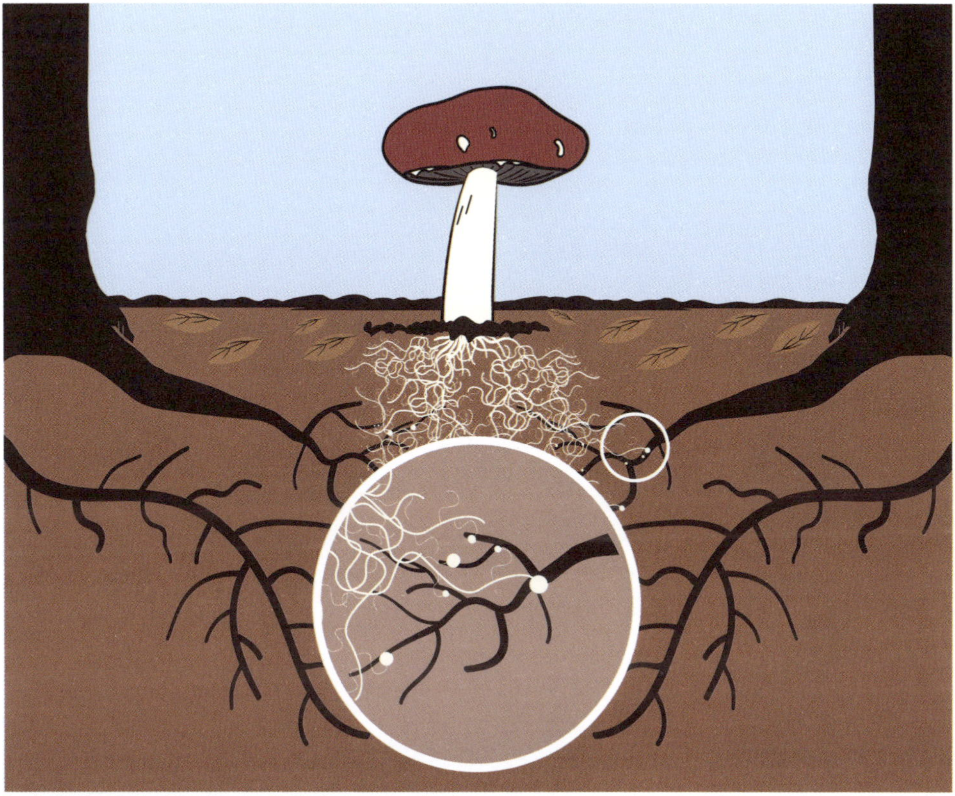

Superior La *wood wide web*, en la que el micelio de los hongos micorrícicos que hay en el suelo crea conexiones entre las plantas a través de las cuales estas pueden intercambiar agua y nutrientes, e incluso comunicarse.

Izquierda Hifas unidas a la raíz de una planta.

LA ESTRUCTURA DEL SUELO

Aunque pequeños a nuestros ojos, los finos pelos de las raíces de las plantas son muy grandes desde la perspectiva de la biología del suelo (entre 15 y 20 micras), por lo que les cuesta acceder a todas las cavidades del suelo con recursos. Dada su esbelta y dinámica naturaleza, el micelio sí que puede llegar a estos y, así, mejorar la resistencia de las plantas a la sequía. Cuando el micelio penetra en estas zonas estrechas, el suelo se oxigena y aumenta su permeabilidad. Los hongos micorrícicos arbusculares (que son los que se relacionan con las raíces de las plantas) depositan una glicoproteína (proteína con carbohidratos) llamada «glomalina», que es una sustancia pegajosa que aglutina las partículas del suelo, lo cual mejora en gran medida su estructura y estabilidad.

La glomalina, además, desempeña un importante papel en el llamado «secuestro de carbono», un proceso clave en la lucha contra el cambio climático, ya que cuando se deposita esta glicoproteína, fija el carbono en el suelo. Además de mejorar la estructura del suelo y el contenido de carbono, la presencia de glomalina aumenta de forma considerable la capacidad de retención de agua de los suelos y la disponibilidad de nutrientes, lo que sirve para mejorar su resistencia a la erosión.

El micelio puede acceder a todas las cavidades del suelo, deposita glomalina y mejora la estructura del propio suelo.

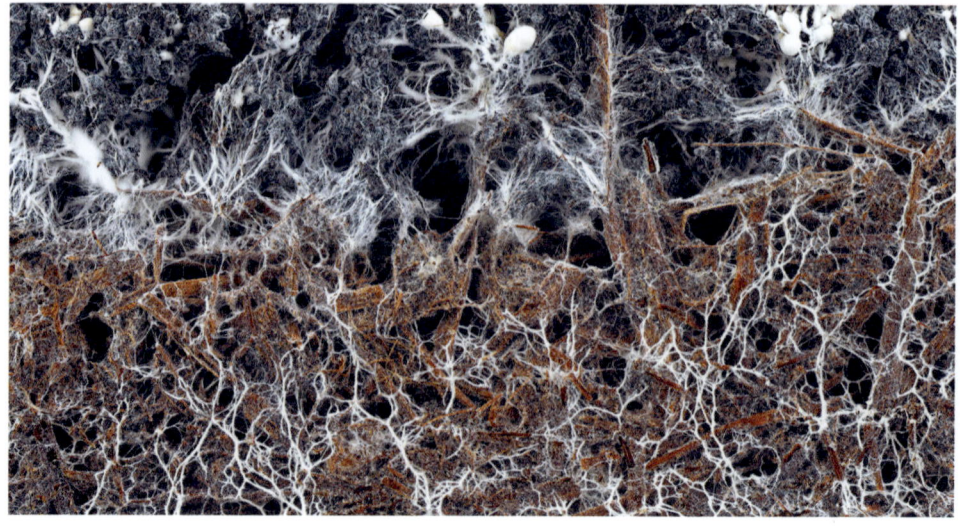

EL SECUESTRO DE CARBONO

Se trata de un concepto clave cuando se habla de métodos para combatir el cambio climático y que implica tomar dióxido de carbono de la atmósfera, convertirlo y almacenarlo en forma sólida o líquida. Las plantas extraen dióxido de carbono de la atmósfera durante la fotosíntesis e intercambian el carbono con la red micelial para obtener nutrientes. Así, los hongos pueden aumentar las tasas de secuestro o acelerar el ciclo del carbono. Además, al facilitar el acceso a los recursos y, por lo tanto, aumentar el crecimiento, las plantas pueden extraer aún más carbono de la atmósfera. Ya dentro del suelo, al interactuar de forma activa con otros microorganismos, además aumentan las tasas de descomposición y, por lo tanto, el ciclo del carbono.

El secuestro de carbono que realizan los hongos se logra cuando incorporan el carbono a sus propias formas (como a las células de las hifas) o, sobre todo, al liberar sustancias de carbono solidificadas, como la glomalina, en los suelos circundantes. Durante este proceso, el carbono queda fijado.

Sin embargo, el cambio medioambiental puede hacer que el carbono almacenado en el suelo se libere. El permafrost de Siberia es una gran extensión de tierra helada que en la actualidad da muestras de rápidos ritmos de deshielo, lo que significa que enormes masas de carbono que han permanecido encerradas en redes de raíces durante miles de años pueden degradarse y, a su vez, y liberar grandes cantidades de gases de efecto invernadero. Se calcula que el deshielo del permafrost puede hacer que aumenten las emisiones de gases de efecto invernadero anuales hasta el punto de sumarle el equivalente a las que produce Estados Unidos, lo que demuestra que equilibrar los niveles atmosféricos de dióxido de carbono es algo que requiere más medidas que la mera reducción de las emisiones humanas.

Brotes de orellana rosada (*Pleurotus djamor, página anterior*)
y de orellana amarilla (*Pleurotus citrinopileatus, superior*)
perfectamente formados y de intensos colores.

LA DESCOMPOSICIÓN

El proceso de descomposición no es tan sencillo y lineal como pudiera pensarse. Los hongos segregan tanto enzimas como ácidos que pueden descomponer moléculas grandes y complejas hasta trasformarlas en otras que les resulten más utilizables. Es así como obtienen nutrientes clave, como el nitrógeno y el fósforo, y, además, minerales y carbono.

Los hongos considerados descomponedores primarios suelen ser los primeros organismos que se infiltran en la materia orgánica muerta y se ponen manos a la obra para descomponer algunos de los materiales más difíciles de digerir, como la lignina. Los hongos trabajan con rapidez, y el micelio recorre el material para hacerse con el recurso antes que la competencia. Este rasgo hace de estos hongos una buena elección para los cultivadores domésticos. Entre estos se encuentran especies como el políporo frondoso (*Grifola frondosa*) y las del género *Pleurotus*.

Los llamados «descomponedores secundarios» tienden a depender de los resultados de la descomposición primaria. Su actividad se hace notar en la pila de compostaje en forma de calor y una mayor degradación de la materia orgánica, que queda convertida en una masa irreconocible. Forman parte de este grupo hongos y bacterias que, además de extraer nutrientes clave para su crecimiento, procesan el material y lo ponen a disposición de más microorganismos y plantas.

Por lo general, debido a su presencia en suelos ricos y competitivos, los descomponedores secundarios están mejor preparados para hacer frente a la competencia de otros microorganismos y hongos. Algunos hongos, como la bruja marrón grande (*Stropharia rugosoannulata*), están a caballo entre ambas categorías: si bien pueden descomponer nutrientes complejos y difíciles de digerir en astillas de madera fresca, también pueden seguir prosperando una vez que el material se ha compostado (incluso en medio de la dura competencia de otros microorganismos). Este rasgo hace que sean unos firmes candidatos para el cultivo en exterior.

Este grueso manto micelial se abre paso a través de una mezcla de astillas de madera.

La caracterización de los descomponedores terciarios puede resultar un tanto difícil. Se hallan al final de la cadena de descomposición y suelen vivir en suelos maduros, por lo que no acceden a la materia orgánica recién muerta. Están bien adaptados a entornos microbiológicamente activos y dependen en gran medida de ellos. Forman parte de este grupo los abundantes hongos agáricos, como la bola de nieve (*Agaricus arvensis*).

Superior Explotación comercial de champiñones (*Agaricus bisporus*) en sustrato de compost.

Inferior La cadena de descomposición desde un material fresco hasta el suelo y algunos de los hongos que participan en cada etapa.

Para que los ecosistemas se mantengan sanos, deben tener un ciclo completo de descomposición. Si la cadena se interrumpe, se provoca una falta de recursos para otros organismos que ocupan eslabones inferiores en ella. Es la naturaleza continua de la descomposición lo que permite la increíble diversidad de especies incluso en áreas pequeñas. En una pila de compostaje, los diferentes recursos que genera la descomposición de la materia pueden sustentar esa diversidad, pero eso no quiere decir que estos organismos no compitan sin reservas por su parte de los recursos. Dado que cada especie fúngica puede ocupar una parte diferente en la cadena de descomposición, la selección del sustrato adecuado es esencial para cultivar a cualquier nivel.

Las setas del género *Pleurotus* son descomponedores primarios

Los champiñones son descomponedores secundarios

Las setas del género *Conocybe* son descomponedores terciarios

Hojarasca

Compost

Suelo

La bruja marrón grande puede ser descomponedor primario y secundario.

La bola de nieve (*Agaricus arvensis*) puede ser descomponedor secundario y terciario.

EL COMPORTAMIENTO DE LAS SETAS

A veces puede ser difícil desprenderse de la idea de que el papel de las setas es el mismo que el de las plantas y los árboles. Sin embargo, existen distinciones importantes, y comprender estas funciones específicas le será de gran ayuda a la hora de cultivar y, de hecho, al buscar setas.

En los árboles, el tronco tiene la función de ofrecer soporte a las hojas (repletas de clorofila, que es como el motor del árbol) para que puedan situarse en la mejor posición a fin de realizar la fotosíntesis. El tronco ayuda a aprovechar la luz, además de actuar como canal de suministro hacia las hojas y desde ellas. En el caso de los hongos, la finalidad del cuerpo fructífero de los hongos es la reproducción. Si se dan las condiciones adecuadas, un hongo puede alcanzar su tamaño completo en cuestión de horas y completar su tarea de liberación de esporas en un par de días. Con todo, este plazo varía en función de la especie y las condiciones ambientales. Una vez que se liberan las esporas y concluye la misión de la seta, el micelio deja de suministrar nutrientes o agua y el fruto no tarda en degradarse. En algunos casos, como en el de la seta de tinta (*Coprinus comatus*), el micelio digiere sus propios frutos en un bello ejemplo de eficacia natural para que no se desperdicie nada.

El rápido crecimiento y posterior declive de las setas supone un reto para los cultivadores. Las setas recién cultivadas e inmaduras suelen ser más suaves y tener mejor sabor que las maduras y leñosas. Este endurecimiento, denominado «lignificación», se debe a un engrosamiento y endurecimiento de las paredes celulares a medida que la seta se acerca al final de su ciclo vital, momento en el que el sombrero y el pie se ponen más gomosos, más duros y menos apetitosos.

El fascinante patrón geométrico de un estampado de esporas de setas. Para crear este tipo de estampados, basta con poner una seta sobre una superficie preparada, como un trozo de papel, una lámina o un portaobjetos de cristal, para que suelte ahí las esporas.

Entender los factores ambientales que desencadenan la fructificación es importante para poder predecir con exactitud cuándo se producirá esta y cosechar en el momento adecuado.

LA TEMPERATURA

La mayoría de los hongos que producen setas reaccionan a los cambios térmicos; en el caso de las setas que fructifican en primavera, esta reacción se produce durante el calentamiento, y en el caso de las que lo hacen en otoño, sucede con el enfriamiento de los sustratos hasta una temperatura umbral. Sirvan de ejemplo la seta de san Jorge (*Calocybe gambosa*), que da frutos cuando las temperaturas del suelo suben a unos 10 °C en primavera, o las del género *Cantharellus*, que lo hacen cuando las temperaturas bajan en el último tramo del año.

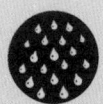

LA HUMEDAD

Para la producción de setas se requiere un entorno húmedo, ya que el micelio es sensible a la humedad ambiental. Por lo general, fructifican con una humedad elevada, de alrededor de <95 por ciento en entornos de cultivo. Sin embargo, hay que tener cuidado de no encharcar el sustrato de crecimiento.

LA LUZ

Hay variedades que utilizan los cambios lumínicos como desencadenante. El hongo fantasma (*Omphalotus nidiformis*) es bioluminiscente y emite una luz azul verdosa por la noche, durante la liberación de las esporas.

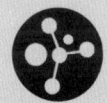

LOS NUTRIENTES

Son necesarios para el crecimiento y la conservación del organismo. Si hay escasez de nutrientes, los hongos posponen la producción de frutos hasta que tengan reservas suficientes.

Si tiene afición por ir a buscar setas, ya sabrá que el mejor momento para hacerlo es tras una lluvia intensa y cuando las temperaturas son óptimas. Esto se debe a que la lluvia suele influir en muchos de los otros factores desencadenantes antes citados. Por ejemplo, tras la lluvia aumenta la humedad y desciende la temperatura; además, el agua superficial redistribuye los nutrientes solubles, por lo que se vuelven más accesibles.

Sin embargo, como sucede en todos los ámbitos de la vida, se trata de dar con el término medio. Si el sustrato en el que crezcan los hongos está encharcado, se puede inhibir tanto el desarrollo del fruto como el del micelio. Esto se debe sobre todo a una restricción en la disponibilidad de oxígeno, piedra angular del metabolismo fúngico. Además, si el encharcamiento se prolonga, puede aumentar la competencia de otros organismos, como mohos y bacterias anaerobios, que prosperan en entornos sin oxígeno.

Existen especies que pueden soportar condiciones muy húmedas y otras que no. Es tarea del cultivador buscar la armonía y comprender el comportamiento de las especies que haya elegido para, así, maximizar el rendimiento de sus cultivos.

Ejemplar del misterioso
hongo fantasma
(*Omphalotus nidiformis*)
brillando en la oscuridad.

Izquierda Grupo de setas de tinta (*Coprinus comatus*).

Inferior Ejemplar de pipa de Sichuán (*Ganoderma sichuanense*).

Página siguiente, superior Pedo de lobo (*Lycoperdon perlatum*), apreciada especie comestible; *inferior izquierda* Ejemplares maduros de coprino entintado (*Coprinopsis atramentaria*); *inferior derecha* Hifoloma de láminas verdes (*Hypholoma fasciculare*).

PARTE III

Cómo cultivar setas en casa

En este capítulo abordaremos el léxico y los principios básicos del cultivo casero de setas. Así, veremos los distintos materiales de inoculación y el equipo clave, si debemos esterilizar o pasteurizar y las ventajas de utilizar madera, paja o posos de café y de emplear cubos o bolsas.

Gracias a estos conocimientos, ganaremos confianza para cultivar distintas especies y atender sus necesidades específicas.

Históricamente, el cultivo con éxito de una amplia gama de variedades exóticas de setas suponía un serio desafío y a menudo solo estaba al alcance de empresas comerciales. El cultivo del hongo en las primeras fases de su ciclo vital requería utensilios de laboratorio especiales, formación y mucho dinero.

Por suerte, en las últimas décadas ha resurgido la investigación sobre el cultivo de setas culinarias y exóticas, por lo que hoy en día existen muchos más productos que permiten cultivarlas con éxito en casa. Así, podemos cultivar muchos tipos de setas sin necesidad de una gran tecnología y, a menudo, a partir de materiales reciclados o naturales.

Dicho esto, existen distintos niveles de complejidad, y conocer el comportamiento de las especies seleccionadas determinará si son apropiadas para un cultivador principiante, intermedio o avanzado. En las guías de cultivo que figuran más adelante en esta sección se emplea esta distinción para que sepa cuáles son las setas más apropiadas para su nivel. Por lo general, una vez que se comprenden los principios básicos del cultivo de setas y se dispone de los recursos adecuados, se puede tener un gran éxito con casi todas las especies exóticas y las que se cultivan de forma comercial.

Empezaremos por ver algunos de los materiales que necesitará para cultivar setas en casa, desde los esenciales hasta los más avanzados. En la tabla de requerimientos de las especies que figura en las páginas 90 y 91 podrá consultar qué condiciones necesitará cumplir para cada variedad antes de entrar en las guías de cultivo paso a paso.

Derecha Bloque de fructificación de melena de león (*Hericium erinaceus*), que ha brotado por arriba.

Página siguiente, superior Orellana (*Pleurotus ostreatus*) en una cámara de fructificación casera; *inferior izquierda* Orellanas amarillas (*Pleurotus citrinopileatus*) cultivadas en paja en casa; *centro* Brujas marrones grandes (*Stropharia rugosoannulata*) cultivadas en un lecho en exterior; *inferior derecha* Seta de roble (*Lentinula edodes*) cultivada con mezcla magistral.

Materiales y equipamiento

Si bien contar con el equipamiento adecuado ampliará la diversidad de setas que podrá cultivar, hacerse con él no tiene por qué suponerle un gasto desorbitado. Las setas del género *Pleurotus*, por ejemplo, se pueden cultivar en casa sin más que una cacerola, paja y un cubo. Sin embargo, si quiere cultivar melena de león (*Hericium erinaceus*), necesitará bolsas de cultivo especiales y una olla a presión. Se trata de artículos fáciles de conseguir, relativamente económicos y que se pueden usar para cultivar muchas especies.

La adopción de unas buenas prácticas de higiene es importante en todos los niveles del cultivo de setas, tanto con una tecnología reducida como con una avanzada. Las dos mayores amenazas en el cultivo de setas son que se sequen y que haya contaminación por parte de otros microorganismos. Por suerte, el primer problema es relativamente fácil de solventar, pero la contaminación por otros organismos es un mundo aparte.

Los aficionados más incondicionales y los profesionales emplean equipos especiales, como las cajas de flujo laminar (*véase* página 86). Sin embargo, si seleccionamos una especie agresiva, de crecimiento rápido y resistente (como la orellana), y la combinamos con unas buenas prácticas de higiene y un poco de conocimiento sobre los hábitos de los contaminantes, a menudo podremos prescindir de estos artilugios. Por lo tanto, conocer las características de cada tipo de seta le ayudará a determinar qué sistema le resulta adecuado.

Si cae en el error de pasarse horas viendo vídeos en YouTube sobre equipamiento, es fácil que acabe abrumado por todo lo que se necesita y las especificaciones del equipo. Sin embargo, ha de recordar que las setas crecen de forma natural al aire libre, por lo que ser consciente de las condiciones externas puede ahorrarle la necesidad de un espacio automatizado si decide cultivar una especie que, en cualquier caso, brotaría de forma natural en esa época del año.

Páginas 60 y 61 Un pródigo brote de seta de roble (*Lentinula edodes*) cultivada en casa. Observe las zonas oscurecidas, característica habitual de los bloques de *Lentinula edodes* maduros.

Visión general del proceso

PREPARAR EL INÓCULO

1. El inóculo líquido contiene micelio, agua, azúcares y nutrientes.

2. Elija un recipiente y añádale el material de inoculación (por ejemplo, cereales).

3. Esterilice el recipiente y el material de inoculación.

4. Inocule el inóculo líquido.

5. Incube: deje que el micelio se desarrolle.

CULTIVAR LAS SETAS

1. Elija un recipiente y añádale el material de sustrato (por ejemplo, paja).

2. Pasteurice / esterilice el recipiente y el sustrato.

3. Agregue el inóculo al sustrato.

4. Incube: deje que el micelio se desarrolle.

5. Fructifique: ponga las setas a la luz y manténgalas húmedas para verlas crecer.

6. Coseche: para ello, retuerza el grupo de setas y arránquelas. ¡Y a disfrutar!

Cultivo líquido e inóculo

El primer paso para tener setas es hacerse con un cultivo líquido (CL). Se trata de una suerte de caldo que contiene el micelio junto con agua, diversos tipos de azúcares y otros nutrientes que este necesita para crecer. Para elaborarse, se usa micelio que antes se ha aislado en una placa de agar en condiciones de laboratorio y, luego, se ha transferido al medio líquido. Puede adquirirse en macetas o en jeringas, con las cuales los cultivadores caseros pueden preparar sus propios inóculos. A continuación, utilizamos el CL para inocularle el micelio a un material a granel, como los cereales, para obtener el inóculo.

El inóculo no es más que un material natural en el que vive el micelio: considérelo una fuente de nutrientes que mantendrá al micelio sano durante un período de almacenamiento y listo para su uso, pero no es el material de sustrato final con el que alimentará al micelio para que este dé setas.

Los mejores materiales para preparar inóculo son los que tienen todas las necesidades nutricionales de los hongos pero en una forma relativamente difícil de digerir, ya que, así, se aportan los suficientes nutrientes para la supervivencia, pero el micelio no los consume rápidamente. Además, ha de ser un material que pueda esterilizarse con eficacia antes de inocularle el micelio. Es importante que el material pueda conservar una humedad razonable, puesto que, de no ser así, el micelio se seca y se muere. Por último, no debe ser tóxico para los hongos y, a ser posible, debe permitir que penetre en él el oxígeno. También resulta interesante que sea rentable y se pueda manejar sin complicaciones. Más adelante veremos una opción reciclada y económica a la hora de preparar inóculo.

Página siguiente, superior El equipamiento necesario para producir inóculo en cereales en casa; *centro* Inóculo en cereales maduro y sano; *inferior* Jeringa con cultivo líquido que contiene el «iniciador» del micelio.

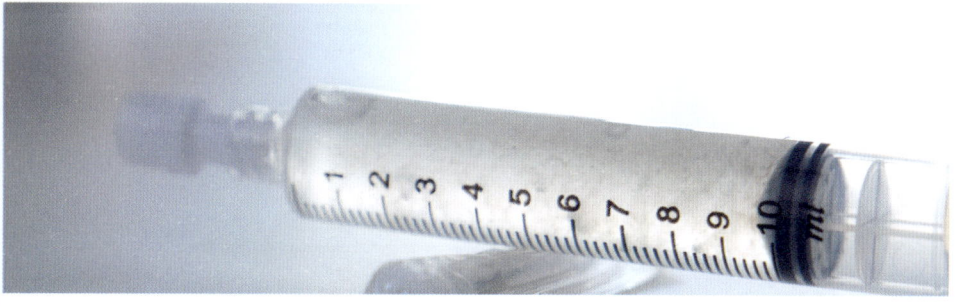

Materiales para el inóculo

A.

B.

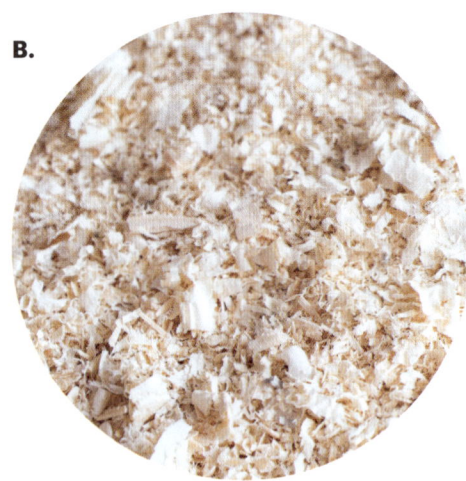

A. Los cereales se usan tanto a nivel de aficionado como de profesionales. Tienen muchos nutrientes, se consiguen sin problemas y son fáciles de manejar. Los ejemplos clásicos son el centeno, el trigo y el mijo. Uno de los inconvenientes de seleccionar un micelio a base de cereales es que, si se utiliza en exterior en macizos de setas, puede favorecer la aparición de plagas que busquen alimentarse de los cereales restantes una vez inoculado el micelio.

B. Si bien el serrín se emplea menos, en ciertas situaciones puede resultar muy efectivo. Es versátil, ya que se puede usar para cultivar setas tanto en leños como en sustratos a granel, como las astillas de madera.

C.

D.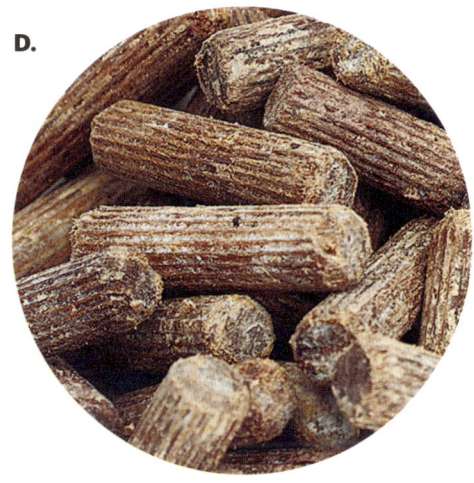

C. Es probable que la paja sea la opción menos común y, a su vez, la más adecuada para su uso en macizos de cultivo en exterior, en particular cuando se cultiva bruja marrón grande (*Stropharia rugosoannulata*). La ventaja de utilizar una base de paja para el inóculo es que el micelio desarrolla las enzimas específicas para descomponerla, por lo que, por lo general, tiene un alto porcentaje de éxito una vez que empieza a crecer en este sustrato. Es como si el micelio se entrenara para crecer de una forma más eficiente en ese tipo de material.

D. Los tacos, o espigas, se fabrican con madera dura de calidad, como el roble o el haya. Se usan de forma específica para inocular hongos lignícolas en leños. Una de las ventajas del inóculo en tacos es que puede almacenarse durante largos períodos de tiempo (más de un año) sin que deje de ser viable, ya que la madera dispone de mucho oxígeno y una gran densidad de nutrientes.

LA CALIDAD DEL INÓCULO

No todos los inóculos son iguales, y lo habitual es que el precio sea indicativo de la calidad. Sería una mala inversión seleccionar un inóculo solo porque sea económico y no tener en cuenta la calidad del producto ni si es el idóneo para su situación de cultivo. Si, por ejemplo, invierte tiempo y dinero en prepararse para introducir inóculo en el sustrato de crecimiento, pero el inóculo está contaminado o es tan viejo que no penetra bien en el sustrato, el esfuerzo y el tiempo invertidos habrán sido en vano.

El tiempo de almacenamiento también es un factor a tener en cuenta entre los cultivadores pequeños y medianos. Como lo habitual será que no use una bolsa entera de 5 litros de una sola vez, sino que guarde una parte para usarla en el futuro, resulta esencial disponer de inóculo en materiales de calidad, ricos en nutrientes y bien esterilizados. Si es de mala calidad, se puede degradar de forma considerable en cuestión de semanas, mientras que, si es de buena y se almacena de la forma adecuada, puede durar más de un año.

Si bien aprender a evaluar el inóculo antes de utilizarlo es una habilidad que se adquiere con la experiencia, existen varios indicadores clave en los que fijarse.

1. **Olor raro:** si huele mal, lo más probable es que esté mal. El mal olor es muy común cuando hay contaminación bacteriana.

2. **Exceso de líquido de color:** es habitual que el micelio contenga un poco de líquido gelatinoso, ya que se trata de metabolitos, subproducto de los procesos digestivos del micelio. Sin embargo, si nota un aumento repentino de la cantidad o un cambio de color, podría ser indicativo de que algo va mal. Si el micelio está combatiendo una infección o vive en condiciones subóptimas, producirá más metabolitos en su esfuerzo por luchar contra la competencia o, simplemente, para desarrollarse en el entorno.

3. **Ablandamiento:** sobre todo con el inóculo en cereales y en serrín, lo habitual es obtener un bloque bastante sólido y parecido a una pastilla de jabón. Es una buena señal, ya que demuestra que las hifas siguen estando unidas con fuerza y que la estructura del micelio está completa. Cuando el micelio empiece a secarse o a replegarse, tal vez note un reblandecimiento del bloque. Se trata de un indicador particular en especies como la orellana rosada (*Pleurotus djamor*), variedad tropical que debe estar a 10 °C, lo cual le confiere una vida útil relativamente corta, ya que el metabolismo sigue siendo bastante activo a dichas temperaturas.

4. **Contaminación:** este problema suele ir acompañado de un aumento de los metabolitos y, además, puede ser el más difícil de detectar. Si se observan zonas especialmente oscuras en el micelio, un tono verde en el sustrato o incluso un crecimiento de moho en toda regla, será porque el inóculo estará en peligro, por lo que no deberá utilizarse para la inoculación. Dado que los indicios de contaminación pueden ser sutiles y variables, es imprescindible realizar inspecciones visuales periódicas y minuciosas del inóculo.

Mancha de moho *Trichoderma* en una bolsa de inóculo en cereales.

ALMACENAMIENTO ADECUADO DEL INÓCULO

Este aspecto es de suma importancia. El micelio ha evolucionado para crecer y digerir los alimentos con eficiencia. Si no podemos ralentizar este proceso, no tardará en agotar los recursos, que son finitos, y morir. Ya hemos visto que el micelio tiene un metabolismo exotérmico (libera calor), utiliza oxígeno y es sensible a la luz y a otros factores ambientales, por lo que estos son los parámetros que debemos intentar controlar.

- **Temperatura:** la mayoría de las especies, como el champiñón (*Agaricus bisporus*) y la seta de roble (*Lentinula edodes*), requieren una temperatura de almacenamiento constante de entre 2 y 5 °C para poder ralentizar el metabolismo. Existen muchas que requieren temperaturas que nada tienen que ver con estas (suelen ser variedades tropicales, como la ya mencionada orellana rosada). A 2-5 °C, el metabolismo de los hongos se ralentiza sin que lleguen a congelarse. Además de lograr estas temperaturas más bajas, también es importante mantener la constancia, ya que el micelio, como nos pasa a nosotros, se estresa cuando las condiciones cambian con rapidez. Piense en cuando pasa de golpe de una sauna a una piscina de agua fría: es soportable durante un par de ciclos, pero si lo hace de forma ininterrumpida durante un período prolongado, su salud se resentiría.

- **Almacenar** el inóculo en un frigorífico doméstico es una opción, pero hay que tener cuidado, ya que si la bolsa entra en contacto con la parte trasera o los laterales del frigorífico, se puede congelar. Del mismo modo, si las bolsas de inóculo están en contacto, se producirán puntos de calor. Reutilizar viejas bandejas de huevos es una forma estupenda de separar el inóculo y permitir que el aire circule con libertad. Tenga en cuenta que si llena el frigorífico de inóculos, tal vez le cueste mantener una temperatura por debajo de los 5 °C. En este caso, lo recomendable es tener varios termómetros repartidos por el frigorífico.

- **Oxígeno:** es un factor crucial en el almacenamiento de inóculos y guarda una estrecha relación con la temperatura. Si mantiene las temperaturas bajas, las necesidades de oxígeno serán menores, pero nunca desaparecerán. Sobre todo cuando el frigorífico está repleto de inóculos, es recomendable abrir la puerta una vez al día para que entre aire fresco: ¡le sorprendería la cantidad de oxígeno que pueden absorber unos cuantos kilos de inóculo! Además, crear una separación entre los bloques de inóculo permite que el aire fluya y circule con libertad, lo que reduce el riesgo de «puntos muertos», en los que puede acumularse el dióxido de carbono excretado por el micelio.

- **Higiene:** la mayoría de los inóculos se comercializan en bolsas especiales que permiten que el micelio «respire», y, aunque tienen una filtración muy fina, pueden contaminarse, sobre todo si se abren y se vuelven a almacenar bolsas empezadas. Es importante limpiar y desinfectar con regularidad el frigorífico con una solución de lejía o peróxido de hidrógeno, ya que, una vez que se desarrolla el moho, eliminar el riesgo de contaminación entraña una suma complejidad. ¡Más vale prevenir que curar!

Inóculo almacenado de forma correcta en el frigorífico con bandejas de huevos.

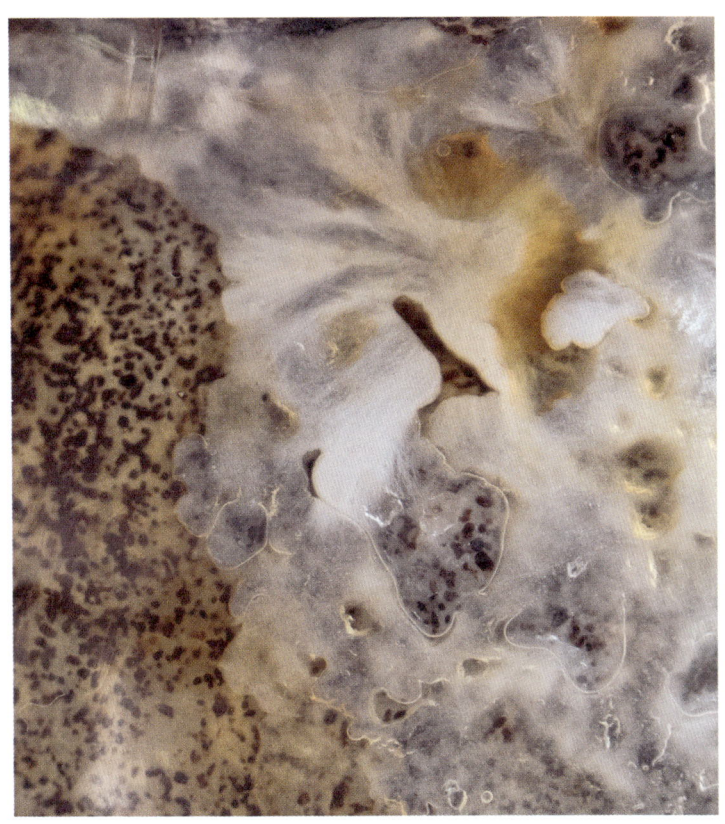

Página anterior Los hongos tienen una resiliencia increíble. La orellana amarilla (*Pleurotus citrinopileatus*) de esta fotografía ha fructificado directamente de una bolsa de inóculo en condiciones subóptimas.

Superior Signos de un micelio estresado: exceso de líquido marrón y metabolitos gelatinosos.

Los sustratos

Un sustrato para cultivar setas es un material orgánico al que se le añade el micelio. Proporciona toda la humedad y los nutrientes necesarios para el desarrollo sano del micelio y, a su vez, da lugar a la producción de cuerpos fructíferos para su posterior recolección. El material que se usa para crear los inóculos es técnicamente un sustrato, como también lo es en el que crece el micelio para que dé setas.

El tipo de sustrato que se use para el cultivo puede influir en el peso de las setas producidas, pero también en la velocidad de producción, en la calidad del producto, en el riesgo de contaminación, en el número de cosechas (tandas) y en lo que se pueda hacer con el material finalizada la producción. A la hora de elegir un sustrato o una mezcla de sustratos, conviene recordar la diferencia entre descomponedores primarios y secundarios. Los primarios, como las setas del género *Pleurotus*, pueden descomponer materiales en formas complejas y lignificadas, como la paja entera, mientras que los secundarios y los terciarios, como los champiñones (*Agaricus bisporus*), requieren un material parcialmente descompuesto y con una actividad microbiana más desarrollada, como el compost.

Unas espléndidas setas de roble (*Lentinula edodes*) justo a punto de soltar esporas. Están en el momento perfecto para su cosecha.

PAJA

La paja es el mejor aliado de quienes dan sus primeros pasos en el cultivo casero de setas. Es barata, fácil de conseguir y muy eficaz para cultivar setas del género *Pleurotus* sin ningún suplemento adicional. Además, constituye un buen suplemento en las mezclas de sustratos, por ejemplo, para mezclar con posos de café o estiércol, donde, además de aportar nutrientes, mejora la estructura del suelo. Por lo general, la paja para cultivo se puede encontrar en tres formas: entera, picada y en pellets.

- **Paja entera:** va mejor en exterior o como parte de una mezcla para el cultivo de interior en recipientes. Gracias a la relativa rigidez de su estructura, permite un buen drenaje y oxigenación, dos factores importantes para el cultivo de setas. Sin embargo, puede suponer un reto práctico en algunas situaciones, como en el cultivo en exterior en lugares expuestos y ventosos o en el cultivo en bolsas, ya que la paja puede dañarlas.

- **Paja picada:** suele encontrarse en la industria de los animales de compañía, donde se usa como lecho para caballos y reptiles. Durante el proceso de picado, se rompe la estructura de la paja, lo que permite al micelio atravesar el material a una mayor velocidad. Sin embargo, si adquiere lecho para animales o similar, debe tener cuidado, ya que la mayoría complementan la paja con ingredientes antifúngicos, como el eucalipto. Como es lógico, las sustancias antifúngicas no ayudan a que crezcan las setas.

PELLETS

Si quiere cultivar setas sin grandes requerimientos tecnológicos, el sustrato en pellets suele ser una buena opción. Durante el proceso de extrusión, el material se calienta y se presuriza, lo que elimina buena parte de los organismos competidores de la paja y le ahorra el trabajo de la pasteurización exhaustiva que sí requieren otros métodos. Con todo, he observado que, debido a lo fino que es el material, una vez hidratados los pellets, el sustrato puede comprimirse y encharcarse con facilidad, por lo que es aconsejable realizar un lote de prueba antes de preparar el sustrato a granel.

ASTILLAS DE MADERA

Las astillas de madera son un material fantástico para el cultivo de setas en interior, ya que ofrecen un sustrato en el que pueden desarrollarse y digerir los nutrientes durante largos períodos de tiempo en comparación con los materiales que se descomponen rápidamente, como la paja. Por esta misma razón, no son la primera opción para el cultivo en recipientes en interior, donde el objetivo suele ser una producción rápida.

Pueden utilizarse mezcladas con otros materiales, como la hojarasca, y lo cierto es que, cuanta más variedad de materiales adecuados, ¡mejor! Sin embargo, es importante conocer el origen de las astillas. La mayoría de las especies lignícolas que pueda querer cultivar en casa prosperan en árboles caducifolios de madera dura, como el roble, el fresno, el abedul y el carpe, y no tanto en especies de madera blanda y coníferas, como el pino, la pícea y el abeto. Esto se debe a que estas últimas suelen tener una proporción menor de lignina y celulosa, así como un diferente perfil de pH. Si, por ejemplo, su mezcla de astillas contiene muchas agujas de pino, puede inclinar la balanza hacia lo ácido, mientras que muchas de nuestras variedades de setas elegidas prefieren un entorno neutro o un tanto alcalino. Una buena fuente de astillas son los silvicultores que tenga cerca, para quienes se trata de un producto de desecho, por lo que es fácil que le dejen llevarse sacos de forma gratuita. No se preocupe si hay algún material conífero en la mezcla, ya que el micelio prosperará si predomina en ella el de hoja caduca, sobre todo en el caso de variedades resistentes, como la bruja marrón grande.

SERRÍN / VIRUTAS

Al igual que sucede con las astillas, las mejores opciones en cuanto a virutas y serrín suelen ser las maderas duras de calidad de árboles caducifolios. El serrín y las virutas son un ingrediente básico de los sustratos en la producción comercial de setas culinarias y exóticas. Estos materiales se asemejan mucho a aquellos en los que estas setas se dan de forma natural; además, son fáciles de manejar y se conservan bien durante mucho tiempo. La elección entre serrín y virutas depende en buena parte de la especie que desee tener y de cómo vaya a montar su cultivo. Por ejemplo, la pasteurización por vapor, en la que se cuece al vapor el sustrato durante un largo período de tiempo para, así, eliminar los organismos competidores, es más eficaz y rápida cuando la mezcla de sustrato es fina. Cuando se usan materiales más gruesos, como las virutas, puede hacer falta una olla a presión para conseguir el mismo resultado. Al cultivar especies de crecimiento rápido y con una gran demanda de oxígeno, puede que no le convenga una mezcla de serrín puro, ya que es propenso a la compactación y, por lo tanto, a tener menos oxígeno. Lo habitual es querer complementar el serrín o las virutas con otros materiales para, así, tener un perfil nutricional más amplio y mejorar la composición del sustrato.

MEZCLA MAGISTRAL

Es el sustrato ideal para el cultivador doméstico y profesional que quiera disfrutar de una amplia gama de variedades de setas exóticas, incluida la melena de león (*Hericium erinaceus*). Si bien existen diferentes versiones de la mezcla que pueden incluir materiales adicionales y proporciones variables, los ingredientes básicos son serrín de madera dura de calidad, como roble o haya, que le proporciona el sustrato a granel y la fuente primaria de carbono, junto con cáscaras de soja (la piel que recubre las habas de soja), que, entre otros nutrientes clave, aportan nitrógeno y fibra suplementarios. Lo tradicional es que la proporción de la mezcla sea 50:50.

En función de la disponibilidad y el coste de los materiales, así como de la especie que se cultive, se puede usar salvado (un subproducto de la transformación del trigo en harina) para aumentar la gama de nutrientes disponibles. Si se incluye salvado, la proporción habitual es de 50 por ciento de serrín, 30 por ciento de cáscaras de soja y 20 por ciento de salvado. Como sucede con todo en la naturaleza, la adición de ingredientes a una mezcla de sustrato es una cuestión de equilibrio: al ampliar la disponibilidad de una serie de nutrientes en la mezcla, también aumenta la probabilidad de proporcionar un entorno adecuado en el que puedan prosperar organismos competidores.

Otros materiales que pueden usarse son el yeso (2-5 por ciento para aportar calcio/azufre y mejorar la textura, y el carbón vegetal/biocarbón (1-5 por ciento para aportar micronutrientes adicionales y mejorar la estructura del sustrato.

CAFÉ

El cultivo de setas del género *Pleurotus* en posos de café ha sido un tema candente en los últimos años, ya que encaja a la perfección en el concepto de «economía cíclica», en la que empresas o particulares les dan un uso secundario a los residuos. Lo bueno de los posos es que se pueden conseguir con facilidad, tienen una enorme riqueza de nutrientes (sobre todo nitrógeno) y, cuando proceden de café recién hecho, ya están pasteurizados y listos para su uso.

El café da mejor resultado cuando se usa junto con otro material que sea grueso, como la paja o las virutas de madera. Al igual que el serrín, es sumamente fino y fácil de compactar, y, además, también tiene un gran perfil nutricional. El café tiene una enorme susceptibilidad a la contaminación por otros microorganismos, como bacterias y mohos, ya que no es un material de sustrato «especializado», lo que lo diferencia de la paja, donde los hongos descomponedores primarios son los más aptos para explotar el recurso en comparación con los microorganismos competidores. Además, el café tiene un pH ácido, y, como ya se ha dicho, esto no suele irle bien a los hongos elegidos.

El problema de la contaminación a causa de otros organismos puede mitigarse en parte mediante unas buenas prácticas de higiene: para ello, recoja el sustrato e introdúzcale el inóculo que quiera en un plazo de 24 horas, antes de que puedan desarrollarse organismos competidores. Aunque existen riesgos de contaminación asociados al uso del café como sustrato para el cultivo comercial, su disponibilidad y su buen perfil nutricional lo convierten en un candidato a tener en cuenta en el cultivo doméstico.

COMPOST Y ESTIÉRCOL

Muchas de las especies que más se cultivan, como los champiñones (*Agaricus bisporus*), se desarrollan mejor en mezclas de sustrato compostado. Estas pueden hacerse con una combinación de materiales como gallinaza, estiércol y paja que se haya compostado bien antes de la inoculación. Las características clave de la mezcla de compost, de las que se benefician las setas, son la elevada actividad microbiana y el gran contenido en nitrógeno.

Es habitual que la combinación de estiércol y compost le vaya bien a las mezclas de sustrato de descomponedores primarios o secundarios más tradicionales, ya que aporta nutrientes clave, como el nitrógeno, y tiene un gran contenido energético. Por ejemplo, el pie azul (*Lepista nuda*) crece de forma natural en los bosques entre la hojarasca y la capa de humus del suelo, por lo que está bien adaptado para beneficiarse tanto de un sustrato leñoso tradicional con un alto contenido energético como de un compost rico en nitrógeno. Otros ejemplos de especies que pueden cultivarse utilizando compost como aditivo son las del género *Pleurotus*, la seta de tinta (*Coprinus comatus*) y el apagador (*Macrolepiota procera*).

Superior Brujas marrones grandes (*Stropharia rugosoannulata*) que se habían plantado junto con cebolletas en una mezcla de compost. El momento perfecto para cosechar estas setas es justo cuando empiezan a desplegarse, pero antes de que se pongan duras y se lignifiquen.

Derecha Este descarado ejemplar de conocibe frágil (*Conocybe tenera*) ha brotado directamente en estiércol de caballo.

Página siguiente Setas de roble (*Lentinula edodes*) cultivadas en serrín.

UNOS ÚLTIMOS APUNTES

Como sucede con muchos otros aspectos del cultivo de setas, merece la pena dedicarle un tiempo a ensayar, ya que en cada país se podrán encontrar ingredientes de distintos tipos y calidades, y, además, hay que contar con la variabilidad genética dentro de cada especie que se da en las distintas cepas.

Una misma cepa genética puede comportarse de forma diferente cuando se cultiva en distintos materiales de sustrato, por lo que hay que tener muy en cuenta cuál es la mezcla que mejor se adapte a su situación. Por ejemplo, las setas de roble (*Lentinula edodes*) tienden a producir más en la primera tanda cuando se utiliza una mezcla magistral, mientras que, con una mezcla de maderas duras, el crecimiento es más uniforme durante la primera y la segunda tanda.

Si alguna vez se pregunta si cierto material al que tenga acceso será un sustrato adecuado para las setas que haya elegido, fíjese en la naturaleza. Si en el medio natural crece en árboles, es probable que fructifique en un sustrato leñoso con alto contenido en lignina. Sin embargo, si se da de forma natural en medio de praderas cubiertas de hierba, es probable que necesite un material que esté un paso más allá en la ruta hacia la descomposición, como una mezcla de compost.

Recipientes

Su uso es idóneo para cultivar setas en unidades individuales y resulta especialmente eficaz en entornos urbanos o cuando el espacio sea un factor clave. Si usa los recipientes adecuados, podrá mantener unas condiciones adecuadas para el crecimiento y evitar la infiltración de organismos competidores. Los requisitos básicos de los recipientes son que retengan la humedad para evitar que se sequen las setas y que sean inorgánicos (si son orgánicos, pueden descomponerse, acabar mezclándose con el sustrato que contengan y convertirse en alimento para el micelio).

Si la especie seleccionada requiere una higiene extrema, el cultivo en recipientes puede ser la única opción para sacarla adelante, ya que este método permite preparar lotes del sustrato en una olla a presión o en un pasteurizador de vapor.

Derecha Orellanas rosadas y amarillas (*Pleurotus djamor* y *Pleurotus citrinopileatus*) cultivadas en grandes bolsas alargadas en la plantación de setas de mi buen amigo Max Tubbs.

Página siguiente Una gran tanda de cornucopia amarilla cultivada en casa en un cubo reciclado.

CUBOS, BOTELLAS Y OTROS RECIPIENTES REUTILIZADOS

Los recipientes de plástico, como cubos y botellas, son elementos reutilizables idóneos para el cultivo de setas, en particular las del género *Pleurotus*. Suelen ser gratuitos, albergan volúmenes decentes de material húmedo, no se biodegradan con rapidez y pueden modificarse con facilidad a base de practicar agujeros en los laterales para, así, tener varios puntos por los que las setas puedan fructificar. Sin embargo, estos recipientes solo son adecuados para cultivar variedades de setas agresivas y resistentes que no sean propensas a la contaminación y no requieran un filtro especial para limpiar el aire que entre en el recipiente.

El riesgo de infiltración de organismos competidores puede reducirse con el uso de cinta adhesiva médica microporosa para cubrir los orificios que se practiquen. Este tipo de cinta, cuyo uso habitual es el de mantener unidas las vendas, hace las veces de filtro y reduce la libre circulación de partículas. No obstante, no ofrece la suficiente protección en el caso de muchas de las variedades culinarias más codiciadas, para las que se necesitan bolsas especiales.

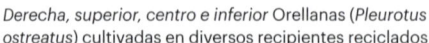

Derecha, superior, centro e inferior Orellanas (*Pleurotus ostreatus*) cultivadas en diversos recipientes reciclados.

Página siguiente, superior Las bolsas tipo filtro con cremallera son las que brindan una mayor protección en la producción de inóculo; *centro* Las bolsas con tipo filtro G son idóneas para variedades de crecimiento rápido, como las setas del género *Pleurotus*; *inferior* Las bolsas con tipo filtro T son idóneas para variedades de crecimiento lento, como la pipa (*Ganoderma lingzhi*).

Páginas 82 y 83 Cuando se cultivan orellanas (*Pleurotus ostreatus*) a baja temperatura, el sombrero se les puede poner de un azul intenso.

BOLSAS

Existen bolsas para el cultivo de setas de muchas formas y tamaños diferentes que se adaptan a casi todas las situaciones de cultivo imaginables. Algunas tienen filtros de aire especiales que permiten el intercambio de gases al tiempo que mitigan el riesgo de contaminación, mientras que otras son un mero plástico grueso y resistente al que le practicamos agujeros. Seleccionar la bolsa adecuada es muy importante, ya que debe proporcionar el nivel adecuado de protección y un intercambio de aire suficiente pero a un precio sostenible. Si, por ejemplo, quiere esterilizar en autoclave (un esterilizador de vapor) o cocer a presión el sustrato antes de inocularle una variedad de crecimiento lento, como la pipa de Sichuán (*Ganoderma sichuanense*), necesitará una bolsa que aguante temperaturas superiores a 121 °C y 15 psi de presión durante períodos prolongados sin romperse ni derretirse. Por lo general, la mayoría de las bolsas para cultivo de setas de calidad hechas a medida están diseñadas para soportar este trato y se elaboran con una mezcla de polipropileno.

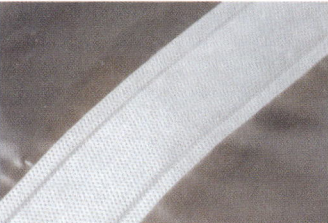

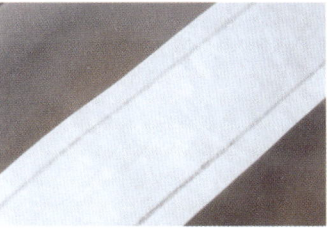

Lo habitual es que las bolsas especiales sean trasparentes. Tal vez le parezca contraproducente, ya que permite que un desencadenante clave (la luz) acceda a todo el bloque de micelio en lugar de solo al punto desde el que queramos que crezcan nuestras setas. No obstante, el plástico transparente nos permite detectar signos de estrés, como el aumento de metabolitos, y otras señales tempranas de contaminación. Para las especies resistentes, como las del género *Pleurotus*, en las que la contaminación supone un riesgo menor, se pueden usar bolsas opacas (es habitual usarlas negras y termorresistentes).

Al igual que sucede con los materiales y los filtros, las setas se cultivan en diferentes tipos de bolsa en función de la disposición de la cámara de fructificación. Pueden ser cuadradas y contener entre 1 y 7 kg de sustrato húmedo (adecuadas para su colocación en estanterías de varios niveles), o presentarse en forma de alargadas columnas de más de 10 kg que se cuelgan de vigas y reproducen con una mayor fidelidad la forma natural de un tronco del que pueden brotar las setas.

Muchos cultivadores comerciales de setas del género *Pleurotus* usan bolsas normales de polietileno de baja densidad sin filtros especiales, y, por lo general, las bolsas alargadas solo se usan para las setas de este género. Al añadirles muchas microperforaciones a las bolsas de plástico, se permite el intercambio de oxígeno, pero solo una pequeña exposición a los contaminantes y a la evaporación de la humedad. Utilizar este método es más barato que adquirir bolsas filtrantes especiales, y, si se combina con un micelio sano y un sustrato adecuado, los índices de contaminación son tan bajos como para justificar su sencillez y rentabilidad.

Aunque no siempre es esencial, para las especies de desarrollo más lento y más propensas a la contaminación, como la melena de león (*Hericium erinaceus*), resulta muy útil usar un filtro de aire, cuya selección es un aspecto crucial.

Existen dos tipos principales de filtro:

Microporo: estos filtros funcionan como si fueran un tamiz. Cuentan con unos diminutos orificios que permiten el intercambio de gases y que, al mismo tiempo, bloquean las partículas y los posibles contaminantes a partir de determinados tamaños. Lo lógico es buscar un filtro con el mayor microporo posible (para que el micelio tenga acceso a la mayor cantidad de oxígeno posible), pero que impida el paso de los contaminantes de riesgo. Un aspecto negativo del uso de estos filtros es que, si necesita altos niveles de protección, también puede que sacrifique la disponibilidad de oxígeno y, por lo tanto, la velocidad de crecimiento.

HEPA: los filtros con este estándar (del inglés, *high efficiency particulate air*) hacen lo que dice su nombre: filtran el aire con una gran eficiencia. En lugar de un poro a través del cual pueden pasar las partículas, como sucede con el microporo, estos filtros tienen una matriz muy densa de fibras (a menudo de vidrio u otro material sintético). Dichas fibras filtran los contaminantes mediante diversos mecanismos cuando el aire fluye a través de ellas. Debido a efectos como el movimiento browniano (el errático desplazamiento de las partículas al difundirse), la fibra atrae, intercepta y captura dichas partículas

Por lo general, cuanto más sensible a la contaminación sea la especie o la fase del ciclo de vida en la que esté, más fino habrá de ser el filtro. Si, por ejemplo, está añadiendo cultivo líquido a cereales esterilizados para producir el inóculo, el filtro debe ser sumamente fino y capturar tamaños de partículas de 0,2 micras, mientras que, para el cultivo de melena de león en un sustrato de crecimiento, bastaría con uno de 0,5 micras, ya que se trata de una fase más resistente que cuando se utiliza cultivo líquido para preparar inóculo. Hay veces en las que no es necesario ningún filtro, como en el caso del cultivo de setas del género *Pleurotus* en cubos.

A modo de referencia: las bacterias requieren filtros de 0,2-2,0 micras; las esporas, de 3,0-40 micras.

Esterilización y pasteurización

Estos procesos se distinguen porque con el segundo se reducen los contaminantes potenciales de un material, mientras que con el primero se eliminan por completo dichos contaminantes. Si bien hay algunas especies de setas y métodos de cultivo que requieren condiciones de absoluta esterilidad, no siempre es el caso. Conocer el grado de esterilidad necesario para una especie o un método concretos le permitirá buscar el equilibrio entre la necesidad de invertir en equipos especiales y la de proporcionar las condiciones correctas.

CACEROLAS, PASTEURIZADORES DE VAPOR Y OLLAS A PRESIÓN

Cuando prepare inóculo, trabaje con agar o cultive especies de suma sensibilidad en sustrato a granel, debe esterilizar tanto dicho sustrato como el equipamiento. Sin embargo, en el caso de la mayoría de las setas más habituales, basta con pasteurizar el sustrato de crecimiento y observar unas buenas prácticas generales de higiene.

En su forma más sencilla, se puede hervir el sustrato en una cacerola para conseguir la pasteurización. Al llevar el material al punto de ebullición y dejarlo enfriar de forma natural durante varias horas, se eliminan la mayoría de los potenciales contaminantes. Sin embargo, existen algunas esporas con cierta termorresistencia que pueden no haber germinado en el momento de la pasteurización, por lo que seguirán constituyendo un riesgo.

El siguiente nivel tras la cocción es la pasteurización por vapor, que es un método similar a la cocción pero en una olla a vapor grande. Los pasteurizadores de vapor pueden mantener temperaturas elevadas (más de 90 °C) durante períodos prolongados. El pasteurizador de vapor, o atmosférico, es popular en el cultivo comercial a mediana escala, ya que tiene la exhaustividad suficiente como para garantizar bajos índices de contaminación pero también requiere menos energía y puede usarse con facilidad a gran escala en comparación con la cocción a presión o el uso de autoclave. Además, estos sistemas pueden prepararse y utilizarse con seguridad en casa a partir de materiales relativamente económicos, mientras que las grandes ollas a presión pueden resultar muy caras y peligrosas.

Pasteurización de paja picada mediante cocción.

Si debe disponer de un entorno estéril para preparar su propio inóculo, esterilizar el equipamiento de laboratorio o utiliza un material de sustrato muy grueso, como astillas de madera, merece la pena invertir en una olla a presión y hacerse con una en un comercio. Pueden mantener temperaturas de unos 120 °C a 15 psi de presión, lo que es más que suficiente para acabar con cualquier bicho que quiera estropear su cultivo. Cuando se dispone de una olla a presión, se abren de par en par las puertas a la gama de materiales y equipamientos de cultivo que se pueden utilizar: una vez que se tiene una, es muy poco ya lo que queda en el cultivo de setas donde no se pueda probar suerte.

CAL HIDRATADA

La cal hidratada es hidróxido de calcio, o $Ca(OH)_2$. Se trata de un polvo que se utiliza de forma habitual en el ámbito de la construcción. Debe tener cuidado de no confundirla con la cal agrícola, que es carbonato cálcico $CaCO_3$, y no sería adecuada para su uso en el cultivo de setas, ya que no eleva el pH tanto como para resultar eficaz. Además, suele contener una gran cantidad de magnesio, del cual se sabe que inhibe el desarrollo micelial.

La cal hidratada se utiliza en el proceso conocido como «pasteurización en frío», en el cual se eleva el pH hasta decantarse hacia lo alcalino, lo que la mayoría de nuestras especies elegidas pueden tolerar, no así los microorganismos competidores (compruebe los requisitos de cada especie antes de utilizar este método, ya que algunos hongos también son sensibles a las condiciones alcalinas). Se trata de un método de pasteurización, no de esterilización, por lo que no sirve para acabar con todos los contaminantes.

Por lo general, cuando aumente la escala de su explotación más allá de una o dos bolsas de cultivo, es probable que recurra a la pasteurización en frío, ya que es la forma más eficaz de preparar sustratos a granel adecuados, como la paja, sin necesidad de equipos especiales. Sin embargo, si no cultiva una especie resistente y de crecimiento rápido, como las del género *Pleurotus*, o si utiliza un sustrato grueso, como las virutas, tal vez tenga que adquirir un pasteurizador de vapor o una olla a presión.

Una olla a presión bien cargada y lista para la esterilización.

Equipamiento avanzado

A continuación abordaremos algunos utensilios más «avanzados» que le permitirán al cultivador llevar su pasión un paso más allá. Con todo, empleo el término «avanzado» con cautela: incluso los micólogos aficionados pueden obtener grandes beneficios del uso de muchos de estos utensilios, que mejorarán el éxito y la productividad de las técnicas más básicas y les abrirán las puertas a un nuevo mundo de técnicas y métodos.

CAJA DE AIRE INMÓVIL (SAB) Y FLUJO LAMINAR

Se trata de dos utensilios especiales que no suelen ser necesarios en el cultivo de nivel principiante. Sin embargo, si desea ampliar su arsenal micológico y tal vez aislar sus propios cultivos en agar o inocular especies raras y de crecimiento lento en sustrato, la inclusión de uno de ellos le permitirá aumentar de forma drástica las posibilidades de éxito y reducirá los desperdicios. El objetivo de las campanas o cajas de flujo laminar y de las de aire inmóvil (Still Air Box, SAB, por sus siglas en inglés) es

crear un entorno limpio en el que llevar a cabo pasos especialmente sensibles del cultivo.

Las SAB son recipientes transparentes que nos permiten tener un espacio de trabajo limpio de la forma más económica posible. La idea es que las partículas y microorganismos transportados por el aire se asienten en el interior de la caja e impedir la entrada de contaminantes nuevos del exterior. Los útiles esterilizados se pueden introducir por los orificios laterales y el trabajo se puede realizar con unos guantes sellados a dichos orificios, con lo que así queda completa la barrera contra la contaminación.

Las campanas de flujo laminar son cajas que contienen una serie de filtros de partículas gruesas y HEPA (High Efficiency Particulate Air) a través de los cuales entra una corriente de aire constante. Nos permiten tener un flujo de aire limpio sin riesgo de que se depositen contaminantes ni microorganismos en el espacio de trabajo. Si bien su precio puede resultar elevado, son la forma más eficaz de tener un entorno de actuación seguro. Existen muchos tipos de campanas de flujo laminar, por lo que hay que proceder con meticulosidad

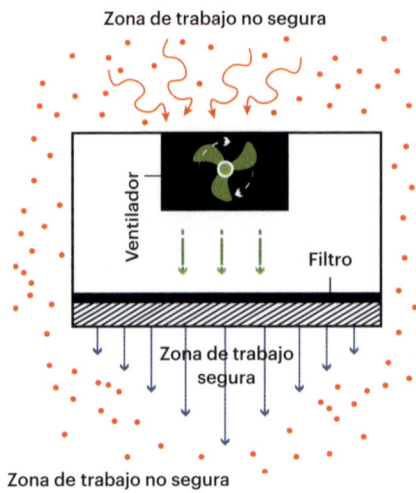

Zona de trabajo no segura

Ventilador

Filtro

Zona de trabajo segura

Zona de trabajo no segura

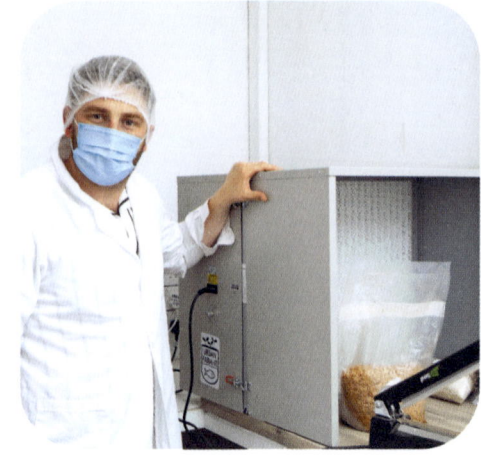

para seleccionar el adecuado. Si el flujo laminar de aire se interrumpe o la campana está abierta por delante (que no tenga pasillo), existe el riesgo de que un aire turbulento arrastre partículas al flujo y contamine las muestras.

AGAR

El agar es una sustancia gelatinosa que se usa mucho en microbiología como solidificante que conserva los nutrientes para que dispongan de ellos los microorganismos. Por lo general, solo lo necesitan los cultivadores de setas avanzados que quieran clonar cuerpos fructíferos, ya que se pueden adquirir inóculos listos para cultivar y, así, evitar la necesidad de dominar la técnica del agar cuando se empieza. Sin embargo, merece la pena conocerla para, así, ampliar conocimientos y reducir los costes de producción en el futuro. El agar se obtiene sobre todo de algas rojas y es perfecto en microbiología, ya que la mayoría de los microorganismos no lo digieren directamente. Una gran ventaja es que tolera las duras condiciones del autoclave durante la esterilización. El resultado es una sustancia rica en nutrientes y limpia por completo en la que cultivar la muestra que se quiera.

Página anterior, izquierda Infografía en la que se explica cómo proporciona la caja de flujo laminar un espacio de trabajo limpio y seguro; *derecha* Imagen de una sesión de inoculación mediante una campana de flujo laminar.

Derecha Fascinante placa de agar realizada por Aimée Cornwell. En el centro hay una muestra tisular de una seta silvestre.

CÚPULAS DE HUMEDAD, *MONOTUBS* Y CÁMARAS DE FRUCTIFICACIÓN

Ya hemos visto que cada especie de seta tiene sus propias condiciones para desarrollarse. Algunas, como las del género *Pleurotus* y la seta de roble, son de lo más resistentes y pueden cultivarse en cualquier casa o en condiciones regulares en exterior. Sin embargo, para maximizar la eficiencia del crecimiento, se han de proporcionar unas condiciones adecuadas y constantes, las cuales tal vez no se puedan dar durante todo el año sin algún elemento de control ambiental.

Las cúpulas de humedad son, en esencia, un recipiente o una bolsa hermética que se coloca sobre un bloque de micelio. Este elemento atrapa el aire húmedo, ayuda a regular la temperatura y, cuando es posible, se transporta para permitir la penetración de la luz. Para tener una cúpula de este tipo, basta con darle la vuelta a una bolsa de cultivo. Si bien estas cúpulas suelen ser económicas y fáciles de conseguir, su uso conlleva unas limitaciones y requiere un esfuerzo manual. A fin de permitir la salida del dióxido de carbono acumulado y la entrada de oxígeno fresco, hay que retirar y volver a colocar la cúpula al menos dos veces al día. Además, como no disponen de ningún sistema mecánico de suministro de humedad, hay que pulverizar agua a mano varias veces al día. Esto no es un problema cuando se cultivan cantidades pequeñas, donde se fructifica hasta un par de bloques a la vez; pero cuando se quieren mayores cantidades, no tarda en convertirse en una carga que da pie a errores.

Los *monotubs* son una evolución de este concepto. Suelen consistir en un recipiente rígido trasparente, como una caja de plástico, y, en su forma más básica, permiten el intercambio de gases a través de un sistema de filtración, el cual puede tener filtros especiales o meras polifibras. Los *monotubs* se pueden mejorar para tener un control ambiental completo mediante la incorporación de humidificador, ventilador de aire fresco, iluminación y sensores, pero no son elementos fundamentales. La principal limitación de los *monotubs* es su tamaño. Si va a invertir en un equipo de control ambiental especializado, verá que pasarse a un armario de cultivo le resultará mucho más rentable.

Los armarios de cultivo son el siguiente paso lógico y se pueden fabricar de forma relativamente económica y fácil en casa. También se conocen como «cámaras de fructificación», sobre todo en el ámbito comercial. Sea como fuere, es el mismo principio por el que se rigen las grandes producciones que las caseras: tener un espacio en el que podamos instalar tantos equipos de control ambiental como nos permitan nuestro presupuesto o nuestras necesidades. Puede tratarse, por ejemplo, de una mera estructura que contenga los bloques de micelio junto con un material que retenga agua en el fondo (como la perlita), donde la evaporación proporciona una humedad que asciende de forma gradual. Los sistemas más avanzados incluyen además sondas de humedad, sondas de dióxido de carbono, calefactores termostáticos y ventiladores temporizados. No se amedrente ante la idea de utilizar equipos automatizados: existen muchas opciones económicas y fáciles de usar, y los resultados merecerán la pena.

Inferior Interior de una cúpula de humedad sencilla.

Página siguiente Orellanas y setas de cardo (*Pleurotus ostreatus* y *Pleurotus eryngii*) brotan en mi cámara de fructificación casera.

Especies y sus requerimientos

LEYENDA

LE Lechos o macizos en exterior
L Leños
C Compost
P Paja (se puede usar a modo de complemento para muchas setas)

MD Mezclas de maderas duras
MM Mezcla magistral
R Recipientes
B Bandejas

INFORMACIÓN GENERAL			CULTIVO EN EXTERIOR		
Nombre común	Nombre científico	Interior/ exterior	Inoculación	Temporada de fructificación	Métodos
Orellana rosada	*Pleurotus djamor*	Ambos	Primavera-verano	Verano	LE, L, R
Orellana	*Pleurotus ostreatus*	Ambos	Todo el año	Otoño–primavera	LE, L, R
Orellana amarilla	*Pleurotus citrinopileatus*	Ambos	Primavera-verano	Primavera–otoño	LE, L, R
Orellana blanca «White Oyster»	*Pleurotus ostreatus*	Ambos	Primavera-verano	Primavera–otoño	LE, L, R
Orellana «Black Pearl»	*Pleurotus ostreatus*	Ambos	Primavera	Otoño y primavera	LE, L, R
Seta de cardo	*Pleurotus eryngii*	Ambos	Primavera	Otoño y primavera	LE, R
Bruja marrón grande	*Stropharia rugosoannulata*	Ambos	Primavera–otoño	Otoño y primavera	LE, B
Políporo frondoso	*Grifola frondosa*	Ambos	Primavera–otoño	Otoño	L, R
Melena de león	*Hericium erinaceus*	Ambos	Primavera–otoño	Otoño	L, R
Pipa de Sichuán	*Ganoderma sichuanense*	Ambos	Primavera–otoño	Otoño	L, R
Yesquero multicolor	*Trametes versicolor*	Ambos	Todo el año	Otoño–primavera	L, R
Seta de roble	*Lentinula edodes*	Ambos	Primavera–otoño	Otoño y primavera	L, R
Champiñón	*Agaricus bisporus*	Ambos	Primavera–otoño	Otoño y primavera	LE, B
Colibia de pie aterciopelado	*Flammulina velutipes*	Ambos	Primavera	Otoño	LE, L, R
Shimeji	*Hypsizygus tessulatus*	Ambos	Primavera	Otoño	LE, L, R
Nameko	*Pholiota nameko*	Ambos	Primavera	Otoño	LE, L, R
Seta de chopo	*Cyclocybe aegerita*	Ambos	Primavera	Otoño	LE, L, R
Seta de pie azul	*Lepista nuda*	Exterior	Primavera–otoño	Otoño	LE

CULTIVO EN INTERIOR

Sustratos	Métodos	Temperatura de fructificación	Humedad	CO_2	Luz	Tiempo de producción
MD, P, MM	R, B	18–28 °C	85–90 %	<1000	800–1500 lux	3 semanas
MD, P, MM	R, B	(11) 13–20 (28) °C	85 %	<1000	800–1500 lux	3 semanas
MD, P, MM	R, B	(13) 17–22 (28) °C	85 %	<1000	800–1500 lux	3 semanas
MD, P, MM	R, B	(11) 13–20 (28) °C	85 %	<1000	800–1500 lux	3 semanas
MD, P, MM	R, B	(–5) 10–17 (–20) °C	85 %	<1000	800–1500 lux	3 semanas
MD, MM	R, B	12–15 °C	95–97 %	600–1200	800–1500 lux	5 semanas
MD, P, C	R, B	10–20 °C	80–90 %	<1500	200–1500 lux	6 semanas
MD, MM	R	12–18 °C	90–95 %	2000–5000 ppm	200 lux	8 semanas
MD, MM	R	16–21 °C	85–95 %	500–1000 ppm	<500 lux	6 semanas
MD, MM	R	10–25 °C	80–90 %	<2000 ppm	1000 lux	18 semanas
MD, MM	R	(–5) 10–17 (–20) °C	85 %	<1000 ppm	800–1500 lux	5 semanas
MD, MM	R	16–20 °C	85 %	800–1200 ppm	500–1000 lux	14 semanas
MD, MM, C	B	17–20 °C	90–95 %	1000–1200 ppm	<500 lux	12 semanas
MD, MM	R	10–16 °C	90–95 %	2000–4000ppm	100–200 lux	8 semanas
MD, MM	R	13–18 °C	90–95 %	2000–3000ppm	500–1000 lux	5 semanas
MD, MM	R	18–28 °C	85–90 %	c. 1000 ppm	<500 lux	4 semanas
MD, MM	R	18–28 °C	85–90 %	>1000 ppm	800–1500 lux	4 semanas

Principios básicos para el cultivo de setas en casa

QUE TODO ESTÉ LIMPIO

La contaminación por parte de otros microorganismos suele ser el factor de mayor riesgo en el cultivo de setas. Aunque no se indique de forma explícita en las guías de cultivo de setas que pueda utilizar, tome siempre las medidas adecuadas para mantener unas buenas normas de higiene y asegúrese de disponer de un espacio de trabajo limpio, equipos esterilizados y una buena higiene personal.

NO SE PRECIPITE CON LA INCUBACIÓN

Es fácil dejarse llevar por la emoción y pasar a la fructificación cuanto antes, pero no tiene por qué ser lo mejor. ¡El micelio bien desarrollado produce grandes cosechas!

LA CONSTANCIA ES CRUCIAL

Múltiples cambios rápidos en las condiciones estresan el micelio. Aunque el golpe de frío puede ser una herramienta útil para fomentar la fructificación, solo debe utilizarse como herramienta ocasional, no como práctica habitual.

ESCUCHE AL MICELIO

Realice una inspección visual del micelio con frecuencia y minuciosidad. Si se produce algún problema, habrá indicios. Si no analiza el micelio cada pocos días, tal vez se le pasen por alto. Consulte le sección «Cuando algo ha ido mal» (*véanse* páginas 148-151) para identificar algunos de los problemas más habituales.

MÁS SUSTRATO = MAYOR COSECHA

Cuanto más sustrato se utilice, mayor será el rendimiento, pero solo si se mantienen las condiciones adecuadas.

CONDICIONES ADVERSAS

- Sequedad
- Encharcamiento
- Luz solar directa
- Demasiado calor
- Demasiado frío
- Suciedad
- Fluctuaciones térmicas

CONDICIONES PROPICIAS

- Luz indirecta
- Humedad sin que llegue a estar mojado
- Temperaturas moderadas (en función de cada especie)
- Esterilidad
- Constancia

CONFÍE EN LA NATURALEZA

Si alguna vez duda de si el sustrato o las condiciones son adecuadas para la especie y los métodos que haya elegido, fíjese en el entorno natural en el que crezca la seta que quiera cultivar. ¿La ha visto crecer ya antes en ese lugar? De ser así, es probable que pueda cultivarla sin recurrir a una tecnología avanzada.

TOME SU PROPIO CAMINO

Son muchos los caminos que conducen al éxito, y a menudo no existe un único camino correcto. Elija un método que se adapte a su situación y a los materiales a los que tenga un acceso fiable. ¡No se crea todo lo que encuentre por Internet!

ÁBRASE

Acérquese a la comunidad de cultivadores de setas. Hay una gran cantidad de conocimientos (de acceso gratuito), experiencia e ideas a su alcance, ¡así que aprovéchelos! Los grupos de redes sociales son un buen punto de partida.

MEDICIÓN DEL INÓCULO

El inóculo puede medirse en litros o en gramos, lo cual se debe a los cambios en el peso del agua entre distintas especies y entre cada lote. A la hora de calcular las proporciones de la mezcla de inóculo y sustrato, por lo general es necesario saber cuántos gramos se tienen, pero al comprar le presentarán los pesos en litros.

SEA FLEXIBLE

Aunque la precisión es de agradecer y de suma importancia en el ámbito comercial, cuando se cultiva en casa no hay que obsesionarse con hacer que las proporciones de mezcla encajen al miligramo.

DIVIÉRTASE

Cultivar setas en casa es un pasatiempo, ¡así que diviértase con ello!

RECOLECTAR

Es recomendable retirar completamente todas las setas (cuerpos fructíferos) y todos los brotes abortados del micelio en el momento de la cosecha. Todos los residuos que queden pueden pudrirse y propiciar la contaminación.

LEA BIEN LAS INSTRUCCIONES

Hay veces en las que nos puede resultar extraña alguna indicación, así que asegúrese de entenderla bien antes de ponerla en práctica.

LAS SETAS NO SON PLANTAS

Las setas no son plantas, por lo que no hay motivo para tratarlas como tales.

Hasta ahora, hemos hablado de la historia, las necesidades y el equipamiento necesarios para cultivar setas en casa. Si aún no se dispone a cultivar, puede saltarse las siguientes guías de cultivo paso a paso e ir a la página 158, donde seguiremos ampliando nuestros conocimientos generales sobre los hongos.

Sin embargo, le recomiendo que, cuando llegue el momento, lea la guía correspondiente de principio a fin antes de empezar para, así, tener la certeza de disponer de todo lo necesario para llegar a buen puerto en el cultivo.

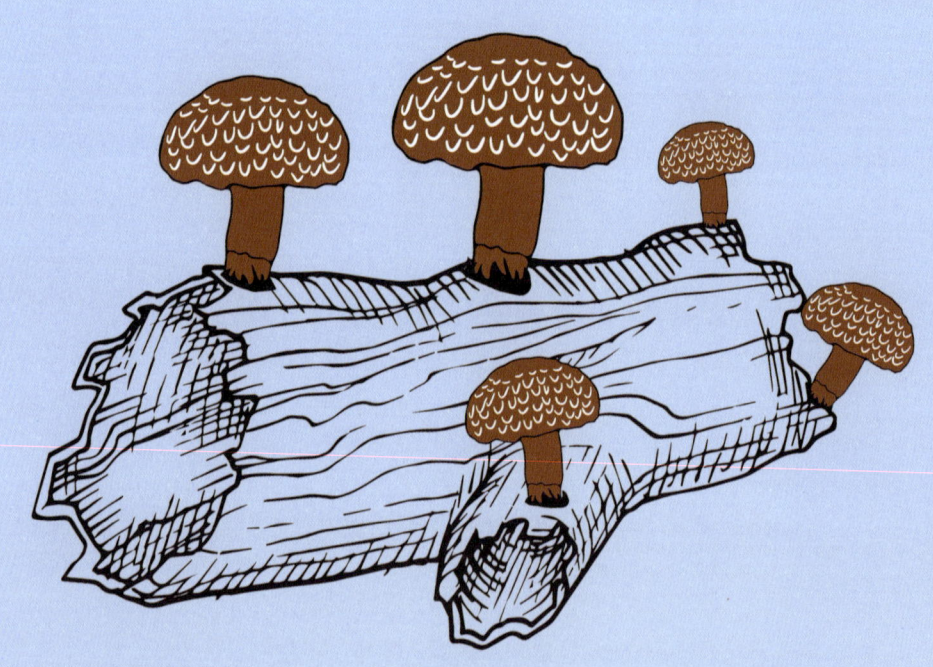

PARTE IV

Guías de cultivo paso a paso

Estas guías, que abarcan desde el nivel principiante hasta el avanzado, le brindan opciones que se adaptan a sus circunstancias y experiencia, incluido el cultivo con café, paja, leños y serrín en bolsas, cubos y lechos o macizos en exterior, además de una técnica de expansión sobre cartón.

Hemos reunido aquí todo lo que hemos aprendido hasta el momento. Puede leer todas las guías a fondo o usarlas a modo de referencia cuando se disponga a iniciar su viaje de cultivo.

Nota: lo aquí expuesto son unas reglas generales y un proceso de crecimiento natural. Puede sustituir muchos de estos materiales por elementos de los que ya disponga y alterar las proporciones para adaptarlas a su situación. Además, los plazos y la productividad pueden variar en función de las condiciones ambientales.

Elaboración de inóculo

En el caso de muchas de las variedades de setas culinarias más deseadas, la elaboración del inóculo a partir de cero puede ser un verdadero reto y a menudo requiere de un equipo especial debido al alto riesgo de contaminación en esta fase. Además, el inóculo se puede adquirir sin problemas, por lo que los cultivadores caseros tienen la opción de saltarse este paso e ir directamente a las guías de cultivo. Dicho esto, existen algunos métodos más económicos y abordables para el cultivador casero; un buen ejemplo es la producción de inóculo de setas del género *Pleurotus* en cartón. Aunque técnicamente sí que se produce inóculo, este método es más bien una técnica de expansión en la que aumentamos el micelio del que ya disponemos.

Inferior izquierda
Tarros con centeno parcial y totalmente colonizado; *derecha* Centeno en las distintas fases de preparación.

Página siguiente
Inoculación de un tarro con centeno esterilizado en cultivo líquido.

Elaboración de inóculo de *Pleurotus* en cartón

PRINCIPIANTE

Por lo general, si se quiere tener un gran éxito en un sustrato de cartón, la especie seleccionada debe ser resistente y de crecimiento rápido. De ahí que, al igual que las del género *Pleurotus*, la bruja marrón grande (*Stropharia rugosoannulata*) también funcione muy bien. Lo bueno de este método es que se puede llevar a cabo con los restos de setas de diversas fuentes, como las recolectadas, las cultivadas e incluso las compradas. ¡Lo único que hace

falta es un cuerpo fructífero! Como verá más adelante, en el método de cultivo en lechos o macizos (*véase* página 116), al cultivar setas se pueden cortar las bases (la parte inferior del pie) y añadirlas directamente a un nuevo lecho en exterior; sin embargo, si se recurre a la técnica del cartón antes de la inoculación, se puede ampliar el micelio en un entorno controlado y aumentar las posibilidades y velocidad de producción con éxito.

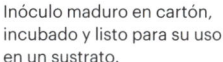

Inóculo maduro en cartón,
incubado y listo para su uso
en un sustrato.

Clavo y encendedor: para practicar orificios de ventilación en el recipiente.

Recipiente duro y resistente al agua: lo idóneo es un cubo o un táper con tapadera. A ser posible, ha de ser transparente.

Sustrato: cartón sin tinta ni plásticos. Es preferible que sea corrugado.

Recipiente refractario: puede servir una bandeja para horno profunda.

Cacerola: para calentar durante la pasteurización.

Colador: cuanto más grandes sean los agujeros, mejor.

Alcohol isopropílico: para limpiar el instrumental. Si no puede conseguir alcohol isopropílico, bastará con agua hirviendo.

Pies de setas: varios pies cortados de la especie de seta que quiera (cuantos más, mejor).

PREPARACIÓN DEL RECIPIENTE

1. Caliente la punta del clavo con el encendedor y, después, clávela en el recipiente duro y resistente al agua para practicarle agujeros. Procure repartirlos con uniformidad cada 4-6 cm en todas las direcciones. Asegúrese de practicar varios agujeros de drenaje en la parte inferior y otros de ventilación en la superior.

PREPARACIÓN DEL SUSTRATO

1. Rompa el cartón en tiras o trozos e introdúzcalos en el recipiente refractario.

2. Hierva el agua en la cacerola y viértala sobre el cartón hasta que quede sumergido por completo.

3. Espere a que el agua se enfríe por sí sola.

4. Vacíe el agua con ayuda de un colador de modo que se quede en él el cartón, para que se escurra.

INOCULACIÓN

1. Limpie y desinfecte con alcohol el recipiente duro y resistente al agua.

2. Córtele la base del pie a unas setas recién recolectadas. Aunque se pueden tener un par de días si se conservan en frío, cuanto más frescas, mejor. Incluso puede que ya se les esté formando el micelio, lo cual es una buena señal.

3. Corte las bases en trozos pequeños para, así, tener los suficientes como para extenderlos por todo el cartón.

4. Capa a capa, añada el cartón al recipiente resistente al agua junto con los trozos de bases de setas repartidas con uniformidad por encima. Al colocar el cartón, procure separarlo en finas capas.

5. Presione con suavidad para que las capas entren en contacto entre sí, pero no lo haga con fuerza (debe haber mucho oxígeno para que el micelio se desarrolle).

6. Una vez que haya terminado de colocar las capas, tape el recipiente.

INCUBACIÓN

1. Seleccione un lugar oscuro y con una temperatura constante. Lo idóneo es que esté a 20-25 °C. La constancia térmica es esencial para que el micelio no se estrese. NO SON APTOS los lugares situados directamente junto a una fuente de calor, sobre una alfombrilla de propagación o en un invernadero.

2. Deje el recipiente en incubación durante, al menos, 2-3 semanas. Puede echar un vistazo para controlar el progreso del micelio, pero ha de hacerlo con rapidez y volver a poner siempre el recipiente en las condiciones de incubación adecuadas.

3. Una vez que el micelio sea espeso y blanco, y cubra la mayor parte del cartón, ya estará listo para su uso.

4. Si ve que se forman primordios (pequeños grumos en los que el micelio se aglutina) o que hay indicios de estrés (mucho líquido marrón), es una señal inequívoca de que debe utilizar el micelio cuanto antes. Si viera mucho moho verde o percibiera mal olor, deseche el lote.

REPETICIÓN DEL PROCESO

Aunque este proceso de expansión se puede repetir varias veces, no es aconsejable hacerlo más de dos. Los hongos, como los seres humanos, envejecen y sufren la senescencia. Comprobará que, cuantas más veces amplíe y reproduzca el micelio, menos productivo y más propenso a la contaminación será, hasta que, al final, se vuelva inviable. Es importante recordar que hemos pasteurizado pero no esterilizado el cartón antes de añadir las bases de los pies de las setas, por lo que este tipo de inóculo solo es adecuado para situaciones en las que el sustrato de crecimiento seleccionado no necesite ser estéril (por ejemplo, para cultivar setas del género Pleurotus en lechos o en cubos).

Elaboración de inóculo de melena de león (y de muchas otras setas) en centeno

INTERMEDIO

En el siguiente método para elaborar inóculo de melena de león (*Hericium erinaceus*) se usa cultivo líquido (CL), por lo que no se incluye la parte inicial, y posiblemente más difícil, del proceso, en la que es necesario aislar un verdadero cultivo en agar. Aun si se adquiere CL listo para usar, lo que nos permite saltarnos esa parte del proceso, siguen existiendo riesgos y dificultades, sobre todo en cuanto a la minimización de la contaminación.

Puede adquirir cereales ya esterilizados y, así, pasar directamente a la fase de inoculación de esta guía, lo cual es buena idea si no quiere invertir en equipos especiales para esterilizar los sustratos. Sin embargo, a largo plazo le resultará más rentable encargarse también de esta parte.

Dominar este proceso le permitirá elaborar inóculo para una amplia gama de especies, utilizar muy diversos materiales de sustrato y cultivar en casa una gran variedad fúngica.

MATERIALES

Cultivo líquido: ya preparado en jeringas.

Báscula: que sea capaz de medir en gramos.

Sustrato: centeno (aunque también pueden usarse muchos otros cereales).

Olla para hervir: una olla grande sobre un fogón, o similar.

Colador: para escurrir los cereales.

Tarros de cristal: con orificio de inyección y filtro (de 0,2 micras, a ser posible). El tamaño de estos tarros determinará la cantidad de sustrato que hará falta. Aunque las tapaderas se pueden hacer en casa, es mejor que, para la primera vez, compre unas ya preparadas.

Papel de aluminio: para cubrir las tapaderas de los tarros.

Olla a presión: para esterilizar los cereales.

Alcohol isopropílico: para limpiar el instrumental. Si no puede conseguir este alcohol, bastará con agua hirviendo.

Encendedor: para flamear la aguja de la jeringa.

Rotulador: para etiquetar los tarros.

¿QUÉ ESPECIE ELEGIR?

Dentro de la gran variedad de especies que se suelen cultivar, existen además distintas cepas. Aunque parezca mentira, cada cepa puede presentar importantes diferencias en cuanto a rendimiento o características. Por ejemplo, la cepa 3770 de la seta de roble (*Lentinula edodes*) produce menos sombreros pero más grandes en comparación con la 3790, que produce muchos sombreros pequeños. En el contexto del cultivo doméstico, en el que el objetivo no tiene por qué ser una eficiencia muy elevada, puede ser divertido jugar y experimentar con las distintas cepas. Cuando pruebe unas cuantas, no tardará en ver cuáles se adaptan mejor a su situación.

Verá que algunos vendedores ofertan jeringas de cultivo líquido ya preparadas, mientras que otros proporcionan botes a los que hay que incorporarles la jeringa. Cuando empiece, es buena idea que adquiera cultivos líquidos en jeringa; después, cuando haya afianzado las prácticas de higiene, podrá elaborar los suyos propios.

PREPARACIÓN DEL CEREAL

1. Mida la cantidad necesaria de cereal (los tarros deben estar llenos hasta las tres cuartas partes). Tenga en cuenta que al remojar / cocer el cereal, este aumentará de tamaño.

2. Añada el cereal a la olla y agregue agua del grifo hasta cubrirlos.

3. Deje el cereal en remojo durante toda la noche (pero no más de 18 horas).

4. Al día siguiente, eche agua hasta volver a cubrir el cereal y llévela a ebullición. Cueza a fuego lento el cereal durante 15 minutos para ablandarlo. No debe cocerlo y que se quede hecho una papilla.

5. Escurra bien el cereal y enjuáguelo con agua fría para eliminar el exceso de almidón.

6. Extienda el cereal sobre una superficie adecuada, como una bandeja o un escurreverduras, para que suelte el agua y se enfríe. Lo que queremos es que el exceso de líquido se escurra y se evapore el máximo posible.

ESTERILIZACIÓN DEL CEREAL

1. Reparta el cereal en los tarros hasta llenarlos a tres cuartos de su capacidad, enrosque las tapaderas y póngales encima papel de aluminio.

2. Prepare la olla a presión según las instrucciones del fabricante.

3. Coloque los tarros en la olla a presión de forma que quede espacio entre ellos para que, así, pueda circular el vapor.

4. Empiece a cocer. Cuando la olla llegue a los 15 psi (= aprox 1 bar) de presión, ponga un temporizador de 90 minutos.

5. Pasado este tiempo, apague la olla y deje que se enfríe. Una vez que la olla se haya despresurizado, saque los tarros y déjelos enfriar a temperatura ambiente.

INOCULACIÓN

1. Agite la jeringa con el cultivo líquido para que el micelio se distribuya con uniformidad.

2. Limpie con alcohol el orificio de inyección de la tapadera del tarro.

3. Una vez que haya quitado el capuchón de la aguja de la jeringa, inocule al instante 2 ml de cultivo líquido a través del orificio de inyección.

4. Repita el proceso para cada tarro. Si solo tiene una aguja, es recomendable flamearle la punta entre cada uso.

INCUBACIÓN

1. Seleccione un lugar oscuro y con una temperatura constante. Lo idóneo es que esté a 20-25 °C. La constancia térmica es esencial para que el micelio no se estrese. NO SON APTOS los lugares situados directamente junto a una fuente de calor, sobre una alfombrilla de propagación o en un invernadero.

2. Deje los tarros en incubación durante unas dos semanas. Verá cómo el micelio empieza a formarse y a extenderse por el cereal.

3. Cuando un micelio blanco y esponjoso haya colonizado un tercio del cereal, agite bien los tarros para redistribuir dicho micelio. NOTA: algunos micelios, como el de la melena de león, son más finos y ralos que el de las setas del género *Pleurotus*, lo cual es perfectamente normal.

4. Vuelva a poner el tarro donde lo esté incubando y déjelo allí 1-2 semanas más.

5. Si ve que se forman primordios (setas bebé), no se preocupe, ya que es bastante común.

6. Una vez que el micelio está bien desarrollado en todo el cereal, ya podrá usarse.

Si nota mal olor, mucho líquido de color o manchas de moho verde, el lote se habrá contaminado y no deberá utilizarse.

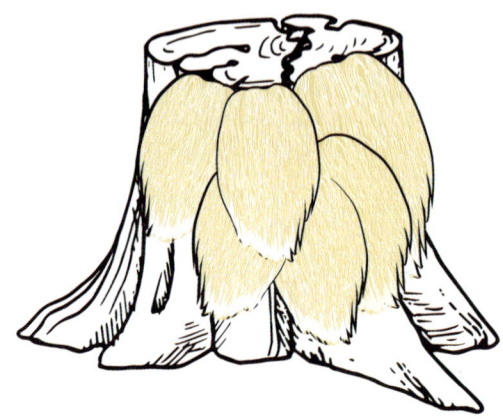

EL SIGUIENTE PASO

Una vez que tenga listo el cereal, es probable que no lo use acto seguido. Etiquete los tarros y guárdelos en el frigorífico. Aunque la mayoría de las especies se pueden guardar a 2-5 °C, las tropicales, como la orellana rosada, necesitan temperaturas superiores (10 °C). Dado que cada especie tiene sus particularidades, deberá informarse de los requisitos de almacenamiento que tengan.

Existen dos usos principales para el cereal:

1. Inoculación de sustrato a granel para cultivar setas. Dado que este inóculo es por completo estéril, es adecuado para todos los métodos de cultivo descritos en esta sección.

2. Transferencia entre cereales:

   Prepare los cereales tal y como se indica en «Esterilización del cereal».

   Realice la transferencia en una SAB (caja de aire inmóvil) o en una campana de flujo laminar. Antes, esterilice todo el instrumental y observe una rigurosa higiene.

   Añada el cereal inoculado al cereal esterilizado con una proporción de 1:5 (una parte del inoculado por cinco partes del esterilizado).

   Agite el tarro o la bolsa para que el cereal inoculado se reparta con uniformidad.

   Siga los pasos indicados en «Incubación».

Puede repetir esta técnica de transferencia varias veces si quiere rentabilizar el inóculo en cereales. Sin embargo, lo habitual es que, en función de la especie, solo se deban hacer tres transferencias. De hacerse más, la senescencia influye en la viabilidad del micelio, disminuye la productividad y aumenta la tasa de contaminación.

Bloque de fructificación maduro de melena de león.

Cultivar setas del género *Pleurotus* en bolsas con café

PRINCIPIANTE

Cultivar setas del género *Pleurotus* en bolsas y con materiales reutilizados, como el café, es el pan de cada día del cultivador casero de setas, tanto si se vive en un apartamento pequeño como si se dispone de mucho espacio exterior. Este método es muy productivo y resulta económico en comparación con otros. Al aplicarlo, podrá cultivar variedades tan populares como la orellana rosada (*P. djamor*), la orellana amarilla (*P. citrinopileatus*), la orellana (*P. ostreatus*) y la orellana de Florida (*P. ostreatus* var. *florida*) siempre y cuando pueda proporcionar las condiciones de cultivo adecuadas.

Las orellanas tienen un perfil nutricional estupendo y, gracias a sus bondades culinarias, cada vez son más famosas. Aunque son un sustituto perfecto de la carne en los platos vegetarianos, aún no se encuentran con tanta facilidad como sería lo deseable en supermercados. Si quiere disfrutar de estas setas de la mejor manera posible, láncese a cultivarlas.

Lo bueno de cultivar en bolsas es que dan lugar a unidades de cultivo pequeñas y modulares, por lo que pueden trasladarse y atenderse con facilidad en caso de necesidad. Si juega bien sus cartas, podrá obtener el sustrato prácticamente gratis; además, este método no requiere ningún instrumental especial, ¡lo que lo convierte en una forma muy rentable de cultivar!

MATERIALES

Alcohol isopropílico: para limpiar el instrumental. Si no puede conseguir este alcohol, bastará con agua hirviendo.

Recipiente hermético: un táper grande o una bolsa con cierre hermético para recoger el café.

Sustrato:

1. **Posos** de café recién hecho (de menos de 24 horas).

2. **Paja** picada (un tercio de la cantidad de café que use).

Inóculo: el más adecuado es el de cereales. Utilice una proporción del 10 por ciento (unos 100 g de inóculo por cada kilogramo de sustrato seco).

Bolsa de cultivo: ha de ser termorresistente. No tiene por qué ser una bolsa especial de cultivo. El tamaño determinará la cantidad de sustrato que hará falta.

Cacerola: para pasteurizar el sustrato.

Báscula: que sea capaz de medir en gramos.

Pinzas de la ropa o cinta adhesiva: para cerrar la bolsa del sustrato por arriba.

Cuchillo afilado o tijeras: para cortar la bolsa de cultivo.

Forro de plástico: para usarlo a modo de barrera impermeable.

Caja de cartón: o similar (para crear el entorno de crecimiento).

Pulverizador: recomendable para crear humedad. Lo mejor es usar uno a estrenar, ya que así se evita que pueda tener restos de algo que pueda contaminar el cultivo.

Superior Sustrato de paja de trigo.

Centro Posos de café recién hecho.

Inferior Mezcla de paja y café lista para su uso.

RECOGIDA DEL SUSTRATO

El uso de posos de café es un arma de doble filo, ya que, si por un lado tienen un perfil nutricional estupendo, por el otro hacen que aumente el riesgo de contaminación. Además, si no consume grandes cantidades de café, puede que le cueste reunir suficientes posos, por lo que es una buena idea hablar con una cafetería local independiente y pedirle que se los guarden. En cualquier caso, ha de hacerse bien:

1. Esterilice el recipiente con alcohol en aerosol o frotado y séllelo de inmediato.

2. Déjele el recipiente al propietario de la cafetería.

3. Pídale que incluya solo posos de café recién hecho.

4. Sustituya la tapadera al instante tras cada nueva incorporación.

5. Recoja los posos y úselos en un plazo de 24 horas.

Es recomendable añadirle otro material de sustrato para darle estructura al café y evitar la compactación. Aquí utilizaremos paja picada sin tratar, pero también se puede utilizar cartón triturado, heno, hojarasca y otros en una proporción de 2:1 café / sustrato grueso.

¿QUÉ INÓCULO ELEGIR?

Aunque todas las opciones de inóculo probadas se desarrollan bien en este sustrato, es recomendable usar uno en cereales cuando se utilice un sustrato propenso a la contaminación. Uno de los principales objetivos es crear una distribución lo más uniforme posible del inóculo en el sustrato, ya que esto hace que el micelio se extienda más deprisa. El inóculo en cereal es fácil de manipular, y, si se desmenuza o se mezcla a mano, se distribuye muy bien en una mezcla de café y paja.

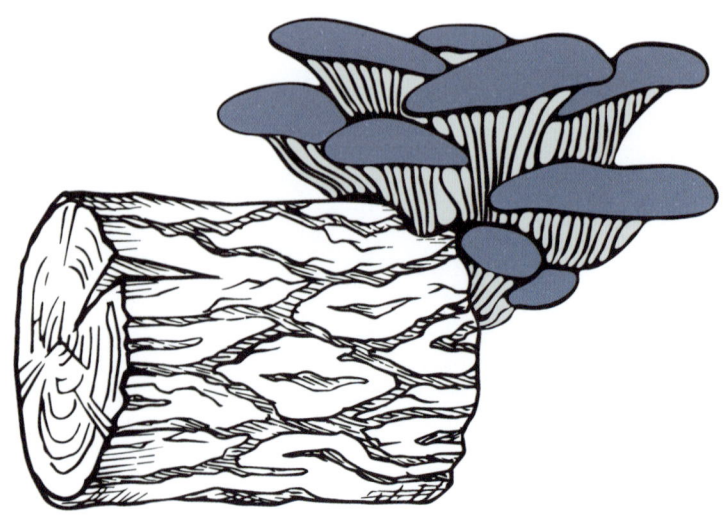

PREPARACIÓN DE SU PROPIA BOLSA

1. Limpie el lugar de trabajo y todo el instrumental con alcohol y, a continuación, lávese bien las manos y los antebrazos con agua tibia y jabón. Nosotros somos el principal vector por el que se introduce la contaminación en el sustrato, así que merece la pena tomarse en serio la higiene antes de empezar. Este paso debe repetirse cada vez que entre en contacto con el cultivo.

2. En el fregadero o en un barreño, llene un cuarto de la bolsa de cultivo con paja picada y anote el peso. A continuación, añada agua hirviendo hasta más o menos el mismo nivel. Al hacerlo, tenga cuidado de no quemarse.

3. Enrolle la parte superior de la bolsa para cerrarla y, después, fíjela con pinzas de la ropa o cinta adhesiva para que no se escape el vapor. Deje la bolsa durante al menos 6 horas o hasta que se haya enfriado a temperatura ambiente.

4. Una vez fría, córtele las esquinas inferiores lo suficiente como para que salga el exceso de agua. Una vez que el agua deje de salir, apriete y trabaje el sustrato a fin de sacarle todo el exceso de líquido posible.

5. Anote el peso de los posos de café recién hecho que vaya a utilizar y, a continuación, llene la bolsa hasta las tres cuartas partes (tendrá que dejar espacio en la parte superior de la bolsa). Combine los materiales del sustrato hasta obtener una mezcla uniforme.

6. El inóculo ha de pesar un 10 por ciento del peso del sustrato (peso del café y de la paja seca juntos). Incorpore el inóculo al sustrato poco a poco mientras mezcla hasta que el primero quede distribuido de un modo uniforme. Como ejemplo, si entre los posos y la paja seca pesan 1 kg, habría que usar 100 g de inóculo.

7. Enrolle hacia abajo el material sobrante de la bolsa y presione con suavidad el sustrato para formar un bloque; después, cierre la bolsa con cinta adhesiva.

8. Practique en un lateral de la bolsa cinco cortes en forma de equis y espaciados uniformemente.

10. Introduzca el bloque dentro del forro de plástico y, a continuación, colóquelo todo en la caja de cartón, pero no la precinte.

INCUBACIÓN

1. Seleccione un lugar oscuro y con una temperatura constante. Lo idóneo es que esté a 20-25 °C. La constancia térmica es esencial para que el micelio no se estrese. NO SON APTOS los lugares situados directamente junto a una fuente de calor, sobre una alfombrilla de propagación o en un invernadero.

2. Deje el bloque en incubación durante, al menos, 2-3 semanas. Puede echar un vistazo por los cortes hechos a la bolsa para controlar el progreso del micelio, pero ha de hacerlo con rapidez y volver a poner siempre el bloque en las condiciones de incubación adecuadas.

3. Una vez que el micelio sea espeso y blanco y cubra la mayor parte del sustrato, podrá pasar a la fructificación. No se apresure: cuanto más se desarrolle el micelio, mejores serán las cosechas.

4. Si ve que se forman primordios (setas bebé en las que el micelio se agrupa), es un indicio inequívoco de que ha de pasar a la fase de fructificación; sin embargo, su presencia no es esencial.

Si durante la incubación observa grandes manchas de moho o un olor desagradable, será porque la pasteurización no habrá sido eficaz y tendrá que volver a empezar. Es bastante habitual que aparezca alguna pequeña mancha de moho, y no supone ningún problema.

FRUCTIFICACIÓN

1. Localice un lugar adecuado para la fructificación. Debe tener una temperatura adecuada para la variedad seleccionada (consulte la tabla de especificaciones de las especies en la página 90), luz indirecta (la suficiente como para se pueda leer) y aire fresco (pero no en el alféizar de una ventana). El cuarto de baño suele ser un buen lugar.

2. Abra la caja de modo que las solapas queden en vertical y, a continuación, tire del forro por encima del borde para cubrirlo, como cuando se cambia la bolsa de la basura. Con esto, habrá conformado el entorno de crecimiento. Aunque en esta fase tal vez quiera usar una cúpula de humedad u otro utensilio de fructificación, aquí seguiremos con el método de la caja.

3. Coloque la bolsa de cultivo en vertical apoyada en un lateral de la caja y con los cortes hacia dentro.

4. Pulverice al menos dos veces al día agua por todo el plástico del interior de la caja y la superficie de la bolsa de cultivo. El objetivo es crear un ambiente húmedo dentro de la caja pero sin que se encharque el sustrato.

5. En función de las condiciones ambientales, puede que se formen primordios y puntas de setas de 1 a 3 semanas después.

6. Cuando se desarrollen las puntas de setas (las primeras fases de crecimiento), siga pulverizando agua por el interior del entorno de cultivo dos veces al día, pero no lo haga directamente sobre las setas en desarrollo, ya que podría hacer que se secaran. Algunas de estas puntas crecerán hasta alcanzar el tamaño completo, mientras que el crecimiento de otras no tardará en detenerse: es algo completamente normal.

Cultivo casero de orellanas rosadas (*Pleurotus djamor*) en una bolsa con café.

RECOLECCIÓN

La primera cosecha de setas suele ser la más abundante. En función de la calidad del sustrato y del control ambiental, al cultivar setas del género *Pleurotus* en bolsas se pueden obtener hasta cinco cosechas. La recolección de estas setas es un proceso sencillo, pero debe hacerse bien:

1. Las setas están listas para recoger cuando los sombreros se abran y se aplanen. Hay que recolectarlas antes de que se vuelvan cóncavos, suelten esporas y se sequen.

2. Agarre una flota (grupo de setas) entera y dele una vuelta completa (se desprenden con facilidad). No se preocupe si, al hacerlo, sale un poco de material del sustrato.

3. Una vez que haya recolectado todos los cuerpos fructíferos maduros, deshágase de todas las puntas de setas abortadas y de los crecimientos anormales.

4. Asegúrese de que no queden en el sustrato pies u otras partes de setas que puedan acabar por enmohecerse.

5. Corte con un cuchillo los 2,5 cm de la base de los pies de las setas que haya recolectado, ya que esta parte estará dura y resulta desagradable al paladar. Puede usar las bases para elaborar inóculo en cartón (*véase* página 100).

6. Guarde las setas en el frigorífico o en algún otro lugar adecuado (*véase* página 161).

SIGUIENTES COSECHAS

1. Vuelva a poner el bloque en el entorno de crecimiento y prosiga con el procedimiento del paso 4 de la fase de fructificación.

2. Lo esperable es tener otra cosecha de 1 a 3 semanas después. Si al cabo de 3 semanas no brota otra cosecha, puede ser porque las condiciones ambientales hayan cambiado y se hayan vuelto inadecuadas (por lo general, la temperatura): las setas son muy sensibles incluso a los cambios más pequeños en su entorno. Lleve el bloque a otro lugar adecuado y gestiónelo según las instrucciones durante otras 2 semanas.

3. Pasado este período adicional, si sigue sin ver signos de crecimiento, pero el micelio parece sano, sería adecuado aplicarle un golpe de frío. Para ello, deje la bolsa de cultivo entera en el frigorífico durante 24 horas. Cuando la saque, el micelio reaccionará como si hubiera cambiado la estación. Si piensa que el micelio puede haberse secado, tal vez resulte adecuado dejar el bloque en remojo durante 6 horas y, a continuación, escurrirlo bien antes de someterlo al golpe de frío.

4. Lleve de nuevo la bolsa de cultivo al lugar de fructificación y siga pulverizándole agua.

¿ALGO HA IDO MAL?

Consulte la información sobre solución de problemas de las páginas 148-153.

Página siguiente
Unas vibrantes orellanas amarillas (*Pleurotus citrinopileatus*) en una cámara de fructificación casera.

Cultivar brujas marrones grandes en lechos o macizos en exterior

PRINCIPIANTE

Las brujas marrones grandes (*Stropharia rugosoannulata*) están entre las setas predilectas de quienes cultivan en exterior y con poca tecnología. Además de tener un sabor increíble, son muy resistentes y prolíficas. A esto hay que sumarle que el micelio puede nutrirse de una amplia gama de materiales de sustrato y que está bien adaptado para soportar la exposición. Esto

significa que puede cultivar estas setas en cualquier lugar, desde en la hojarasca de un espeso bosque hasta en un camino de astillas de madera de un huerto. Cultivar setas en lechos o macizos al aire libre es la forma perfecta de celebrar la naturaleza y sus procesos. Una vez instalados, y si se ubican bien, los lechos requieren muy poco mantenimiento y pueden producir setas de forma natural durante años.

MATERIALES

Sustrato: los mejores son las astillas de madera y la paja.

Inóculo: tanto en paja como en cereal. Al menos 1 litro por cada metro cuadrado.

Material de delimitación: para darle forma al lecho o macizo y contener el sustrato (por ejemplo, leños o ladrillos).

Cartón: sin tinta ni plásticos.

Horca y/o rastrillo: para manipular el sustrato.

Agua: es esencial contar con un suministro de agua limpia.

ELEGIR EL SUSTRATO

Lo bueno de cultivar bruja marrón grande en exterior es que se puede utilizar casi cualquier material orgánico a modo de sustrato de crecimiento. En páginas anteriores hemos visto que estos maravillosos hongos se encuentran a caballo entre varios grupos tróficos y pueden digerir tanto materiales fibrosos con alto contenido en lignina, entre ellos astillas de madera y paja, como materiales compostados. La elección del material de sustrato suele depender de la disponibilidad y del coste. Como sucede en muchos ámbitos de la naturaleza, la diversidad genera resiliencia, por lo que, al combinar materiales de sustrato (con sus peculiaridades en cuanto a perfil nutricional, retención de humedad y estructura), se puede conseguir una mezcla excelente. Sin embargo, si solo tiene acceso a un material adecuado, no tema: estas setas pueden prosperar igual de bien en mezclas sencillas.

Los lechos de astillas de madera pueden durar hasta tres años siempre y cuando se use una mezcla de maderas duras de calidad. Se desaconsejan las maderas blandas, como la de las coníferas (pino, cedro, abeto, etcétera). Es recomendable contar con astillas de distintos tamaños (desde virutas hasta trozos grandes), ya que, así, el micelio colonizará más rápido al principio y, además, tardará más tiempo en descomponer los trozos más grandes.

Aunque los lechos de paja tienen una vida útil menor, suelen usarse porque ofrecen mucha facilidad y resultados rápidos. La paja tiene que estar limpia y sin pesticidas ni fungicidas que se puedan haber aplicado en los cultivos de los que proceda. Además, lo recomendable es usar siempre paja seca de calidad. Si dicha paja ha pasado mucho tiempo en un entorno húmedo, ya estará colonizada por otros hongos. La paja de avena y la de trigo, que son las más comunes, resultan idóneas para cultivar en lechos. Es recomendable usar una mezcla de paja picada y entera.

Si quiere usar materiales naturales, como la hojarasca, asegúrese de que estén bien secos antes de utilizarlos por primera vez, ya que, así, se reduce la abundancia de otros microorganismos y se minimiza el riesgo de contaminación.

¿QUÉ INÓCULO ELEGIR?

Al seleccionar un inóculo para cultivar en lechos, son dos las principales opciones que se tienen (y ambas son efectivas).

El inóculo en cereales ofrece un perfil nutricional sólido para el micelio durante el almacenamiento, ya que lo mantiene fresco y alimentado. Sin embargo, los cereales pueden atraer plagas, como palomas y ratas, lo que conviene tener en cuenta en entornos urbanos. Al descomponerse, los cereales liberan nitrógeno, el cual le ayudará a tener una abundante cosecha de setas. Si quiere cultivar setas del género *Pleurotus* en lechos, no cabe duda de que la primera opción es el inóculo en cereales.

El inóculo en serrín o en paja es una alternativa que le encanta a la bruja marrón grande. Muchos cultivadores optan por utilizar serrín o paja también como sustrato de crecimiento, y, al emplear estos mismos materiales para elaborar el inóculo, el micelio ya ha desarrollado las enzimas adecuadas, lo que se traduce en un rápido crecimiento.

SELECCIÓN DE LA UBICACIÓN

Los lechos o macizos se pueden montar en casi cualquier lugar. Como sucede con todo lo tocante al cultivo de setas, observar la naturaleza es una buena forma de empezar. Si sabe de alguna zona en la que ya hayan crecido setas y musgos de forma natural, es probable que se trate de un buen lugar. En cualquier caso, tendrá que eliminar a estos competidores antes de empezar a cultivar su lecho. Por lo general, lo idóneo es una zona orientada al norte, protegida del viento y bajo la sombra de la copa de un árbol. Dicho esto, al usar una variedad resistente, como la bruja marrón grande, que soporta las condiciones de exposición, también puede incorporar estos lechos a los arriates tradicionales de jardín.

Al igual que sucede con otros métodos de cultivo de setas, el encharcamiento puede dar lugar a la aparición de moho o podredumbre, por lo que, a fin de mitigar esta situación en el invierno, es importante elegir una zona con buen drenaje.

Lo idóneo es seleccionar un lugar que pueda tener vigilado para poder atenderlo, y, a ser posible, con fácil acceso al agua. Si tiene cerca el lecho, podrá estar atento a los indicios de plagas, regar con regularidad y, cuando llegue el momento de la cosecha, ¡sacarle todo el provecho!

CREACIÓN DE UN ESPACIO DE CULTIVO

Una vez elegida la ubicación del lecho, el siguiente paso es crearlo, lo cual se puede hacer de un sinfín de maneras. Lo que en esencia se necesita es crear un espacio contenido que mantenga unido el material del sustrato y permita el desarrollo del micelio. Para ello, se pueden reutilizar viejos arriates de jardín, traviesas o ramas a modo de material de delimitación, e incluso detritus, como ladrillos y piedras.

Coloque el material delimitador para formar un lecho que tenga la superficie adecuada para la cantidad de inóculo de la que disponga. Si tiene una bolsa con 5 l de este, deberá delimitar un lecho de 5 m².

Página siguiente Las principales fases de la creación de un lecho de setas, desde el remojado y la colocación de cartón hasta la colocación y el riego de la primera capa de paja, antes de continuar con las capas de inóculo y paja.

USO DEL CARTÓN

Al margen del sustrato que elija, colocar una capa de cartón húmedo antes de añadirlo le ayudará a mantener las condiciones de crecimiento idóneas para sus setas (evita que crezcan malas hierbas en el lecho y, además, protege las setas durante los meses más cálidos, cuando el suelo se seca). A fin de evitar que entren toxinas en el cultivo, ha de asegurarse de que el cartón no contenga tinta ni plásticos.

PREPARACIÓN E INOCULACIÓN DEL LECHO

1. Arranque las malas hierbas más grandes y quite el material sobrante, como la tierra.

2. Rastrille la zona para obtener una superficie uniforme. Si el terreno es de arcilla compacta, tal vez tenga que excavar la superficie para permitir que drene.

3. El siguiente paso es remojar y colocar el cartón. Para que el cartón no sea demasiado grueso, separe las capas y distribúyalo por el lecho con la cara rugosa hacia arriba.

4. Es el momento de colocar el sustrato y el inóculo en capas, como una lasaña. Coloque la primera capa de sustrato sobre la de cartón y riegue bien. Debe tener un grosor de, al menos, 5 cm.

5. Esparza una capa de inóculo sobre el sustrato. No es necesario que sea una capa gruesa, pero sí uniforme, ya que, así, el micelio se extenderá con una mayor eficacia.

6. A continuación, repita los pasos 4 y 5 hasta que el lecho tenga al menos 15-25 cm de grosor. Cuanto más grueso sea el lecho, más resiliente será el micelio. No se preocupe si le parece que está demasiado grueso al principio, ya que el material se irá compactando con el tiempo.

EL «MÉTODO LASAÑA»

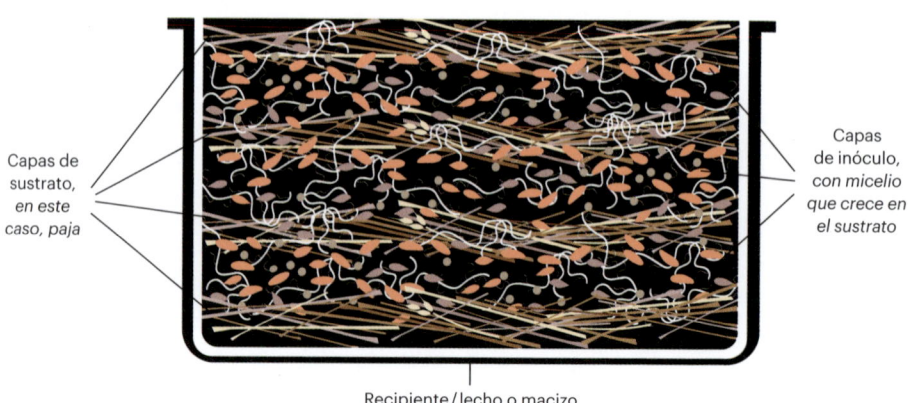

Capas de sustrato, en este caso, paja

Capas de inóculo, con micelio que crece en el sustrato

Recipiente/lecho o macizo

Página siguiente
Una cesta repleta del carmesí de unas brujas grandes marrones recién cosechadas.

SUPERVISIÓN Y CULTIVO

Una vez establecidos, vigile de cerca los lechos. He aquí una lista de aspectos que debe vigilar:

• Si el lecho parece estar demasiado seco

Si el lecho está seco hasta el 50 por ciento de su profundidad, necesita un riego extra. Es normal que las capas superiores se sequen y aíslen las inferiores. Si su clima es seco, acostúmbrese a poner una malla de sombreo transpirable sin apretarla sobre el lecho.

• Si en el lecho hay agua estancada

Si el lecho se encharca, deje que se seque y no le añada más agua hasta entonces. Si esta situación se prolongase, puede que el sustrato no esté drenando lo suficiente y que empiece a pudrirse. Para solucionarlo, puede añadir sustrato seco fresco o plantearse reubicar el sustrato en un lugar más adecuado.

• Si aparecen manchas verdes o puntos negros

Si observa grandes zonas contaminadas, es recomendable deshacerse de ellas antes de que se extiendan por todo el lecho. Es mejor quitar el material contaminado y solventar el problema que dejarlo y que pueda contaminar el resto del lecho. Sin embargo, es habitual que salga un poco de moho en algunas zonas, así que no se precipite.

• Si aparecen masas con aspecto de moho por todo el lecho

Es el micelio en desarrollo lo que indica que el lecho prospera. Una vez listos para fructificar, puede que broten pequeños primordios. Debe recolectar las setas cuanto antes para evitar que babosas y demás oportunistas se aprovechen de su duro trabajo.

RECOLECCIÓN

Por fin ha conseguido que crezcan setas en su lecho, ¡enhorabuena! Las brujas marrones grandes saben mejor cuando están inmaduras y antes de ponerse leñosas. Recójalas cuando empiecen a crecer y hayan adquirido un color granate intenso. Las inmaduras suelen tener el sombrero un tanto pegajoso y cóncavo. También puede dejarlas de 1 a 3 días para que los sombreros se abran y se aplanen. Los sombreros más grandes y planos son perfectos para comidas tipo hamburguesa, mientras que los ejemplares más jóvenes son idóneos para platos como el ramen.

1. Para recoger las setas, retuérzalas con suavidad desde la base y tire de ellas. Asegúrese de retirar toda la seta, incluidos los cuerpos fructíferos que queden en el suelo, para evitar que los residuos desarrollen moho.

2. Corte con un cuchillo 2,5 cm de la base de las setas, ya que es probable que esta parte este dura. Guarde las bases recortadas: ¡se pueden usar para inocular otro lecho!

3. A la hora de recolectar las setas, no las recoja todas, ya que la bruja marrón grande tiene una gran capacidad de autosiembra. Una vez maduras, hay que darles un golpecito en el sombrero para facilitar la dispersión de las esporas. Si deja que unas cuantas setas maduren y suelten esporas, puede que broten de forma natural brujas marrones grandes en su jardín o en la zona de cultivo.

4. Guarde las setas en el frigorífico o en algún otro lugar adecuado (*véase* página 161).

PREPARACIÓN DEL LECHO PARA EL AÑO SIGUIENTE

En función del material de sustrato que haya utilizado, puede que necesite o no añadir material nuevo tras un ciclo de producción. Por lo general, cuanto más fino y blando sea el material, más a menudo habrá que rellenar el lecho. Aquellos hechos solo con astillas de madera pura pueden durar hasta tres años; los de paja, solo uno.

• **Elija** una época del año en la que las setas hayan dejado de producir durante la temporada, pero no justo antes de una helada.

• **Añada** el material seleccionado hasta crear una capa de 15 cm sobre el lecho. En este paso, puede usar el mismo material que tuviera u otro que también sea adecuado.

• **Empape** bien el material nuevo con agua limpia.

• **Excave** con suavidad e incorpore el nuevo material entre el antiguo.

• **Tape** el lecho con una malla de sombreo transpirable.

Superior derecha Mi colega y amigo Scribe muestra con orgullo su cosecha, recolectada de un camino de astillas.

Derecha Un último vistazo antes de añadir inóculo a un nuevo lecho.

Cultivar seta de roble en exterior en leños

PRINCIPIANTE

Aunque se sabe que, hacia el año 600 d. C., en China y en Japón ya se usaban leños para cultivar setas, es probable que esta práctica ya se llevase a cabo antes.

Tradicionalmente, los leños que se quería inocular se colocaban junto a otros que ya contuvieran setas, con lo que las esporas se asentaban y colonizaban los nuevos de forma natural. Sin embargo, esta antigua técnica es poco fiable, ya que les da oportunidades a los organismos competidores de ganar la carrera y hacerse con la fuente de nutrientes. Gracias al desarrollo durante los últimos cien años de la moderna industria del micocultivo, hoy en día podemos inocular el micelio directamente en los leños, lo que nos da una ventaja sobre el método natural y más posibilidades de obtener una buena cosecha. La forma más eficaz y natural de cultivar estas setas es en leños de madera dura a los que se les clavan tacos o espigas para setas.

Las setas que se cultivan al aire libre con luz natural tienen un color y un sabor más intensos, así como más vitaminas.

MATERIALES

Sustrato: leño de madera dura recién cortado (de entre 2 y 6 semanas).

Taladro: por lo general, 8 mm es adecuado para que los tacos queden bien clavados.

Inóculo: bolsa de inóculo en tacos.

Mazo: lo mejor es que sea de madera o metal.

Cera: lo mejor es que sea de bajo punto de fusión, como la de soja o la de abejas.

Pincel para encerar: un pincel o una esponja para aplicar la cera.

Fogón: una fuente de calor y una cacerola para derretir la cera.

Superior Ejemplar de seta de roble.

Inferior Equipo de Urban Farm-It para cultivar setas de roble (*Lentinula edodes*) en leños.

¿QUÉ TIPO DE MADERA ES ADECUADA?

Los hongos lignícolas crecen bien en una amplia gama de leños de madera dura (a menudo lo hacen en las ramas caídas en el suelo del bosque). Sin embargo, para cultivar sus propios hongos en leños también puede usar secciones cortadas (discos) del tronco principal o cualquier leño cortado con el tamaño que necesite. Procure no usar trozos enormes de madera, ya que tardan mucho tiempo en producir y necesitan enormes cantidades de tacos para comenzar.

Los árboles de hoja caduca, además de lignina, almacenan azúcares dentro de la madera en forma de almidón, por lo que son idóneos para el crecimiento de hongos. Es esencial asegurarse de que el árbol no tenga enfermedades antes de cortarlo, ya que así es menos probable que contenga otros microorganismos que compitan con la seta de roble e inhiban su crecimiento. Dejar la sección de madera durante dos semanas después de cortarla del árbol principal permite que los fungicidas naturales de la madera se descompongan. Los cortes más antiguos de los árboles suelen estar demasiado secos o albergar ya poblaciones de microorganismos competidores.

Grandes secciones secas en un árbol vivo, crecimientos inusuales y presencia de otros hongos suelen ser una señal de alarma. Durante las dos semanas de curado, asegúrese de que el leño no reciba la luz directa del sol, no esté en el suelo y quede protegido del viento. La luz solar directa puede resecar el leño y el viento puede hacer que le lleguen esporas de hongos competidores. Un signo revelador de que un tronco se ha secado es que tenga la corteza descascarillada o los extremos agrietados.

Las maderas blandas, como la del pino, no son la mejor opción, por lo que han de evitarse. Del mismo modo, la madera con mucha resina o aceite no es adecuada debido a los niveles de pH que la seta de roble necesita para crecer. Por ello, no han de usarse eucalipto, adelfa ni ninguna madera dura tropical. Las maderas más recomendables son las de roble, carpe, aliso y haya.

SELECCIÓN DE LOS LEÑOS

Elija un leño recién cortado (de 2 a 6 semanas), sin enfermedades, de entre 10 y 35 cm de diámetro y hasta 1 m de longitud. Quítele las ramas que pueda tener para dejar el cuerpo principal del leño, ya que este es la principal reserva de agua y nutrientes.

La corteza es como una piel que mantiene los niveles de humedad, por lo que hay que procurar no dañarla ni arrancarla. Los discos del tronco también son buenos para las setas del género *Pleurotus*, el polígono frondoso (*Grifola frondosa*) y el polígono azufrado (*Laetiporus sulphureus*). Las secciones de tronco adecuadas suelen tener un diámetro de 30-100 cm y un grosor máximo de 30 cm.

A continuación se ofrecen algunas directrices sobre la cantidad de tacos que se deben utilizar por leño. Si quiere que el micelio colonice más deprisa, o si el leño tiene un gran grosor, puede aumentar el número de tacos de forma proporcional a las siguientes pautas. Además, si cultiva especies de crecimiento lento, como el polígono azufrado, puede aumentar el número de puntos de inoculación para, así, incrementar las posibilidades de éxito de las colonizaciones.

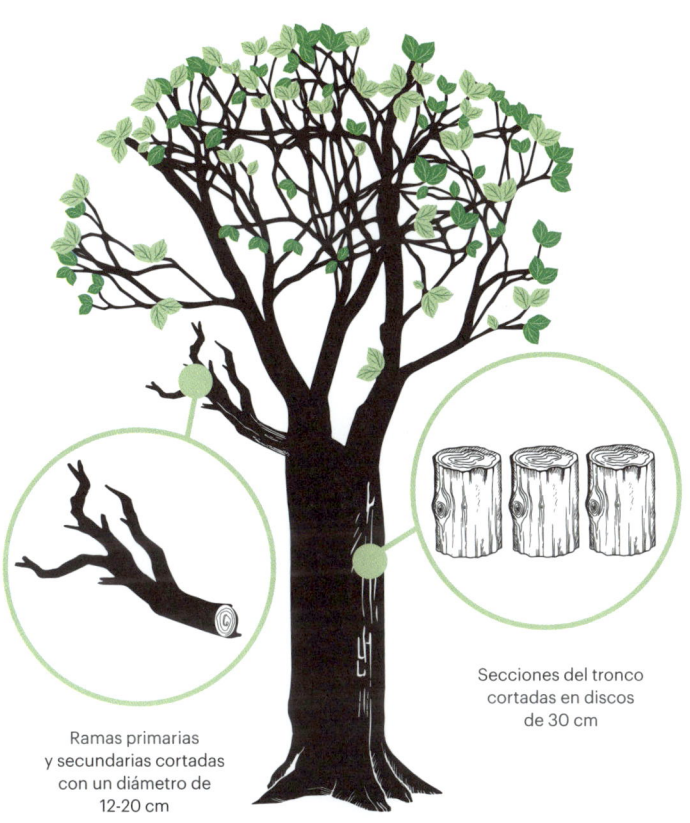

Ramas primarias
y secundarias cortadas
con un diámetro de
12-20 cm

Secciones del tronco
cortadas en discos
de 30 cm

MATERIALES	DIÁMETRO	TACOS NECESARIOS
Leño	Más de 30 cm	50 por cada 50 cm
Leño	Menos de 30 cm	40 por cada 50 cm
Tronco / disco	Menos de 30 cm	40
Tronco / disco	Para cada 30 cm adicionales	40 adicionales

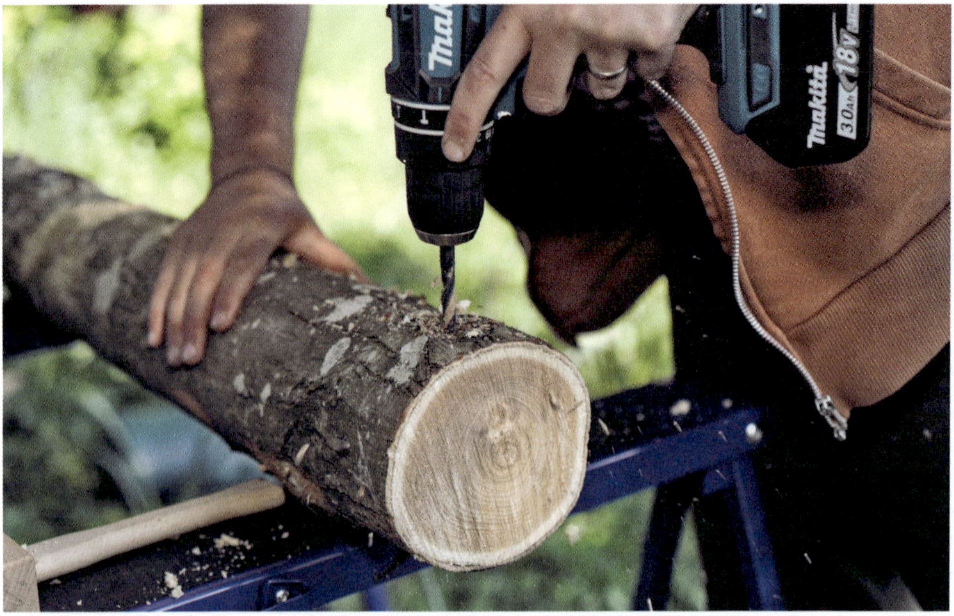
makita
18V
3.0Ah

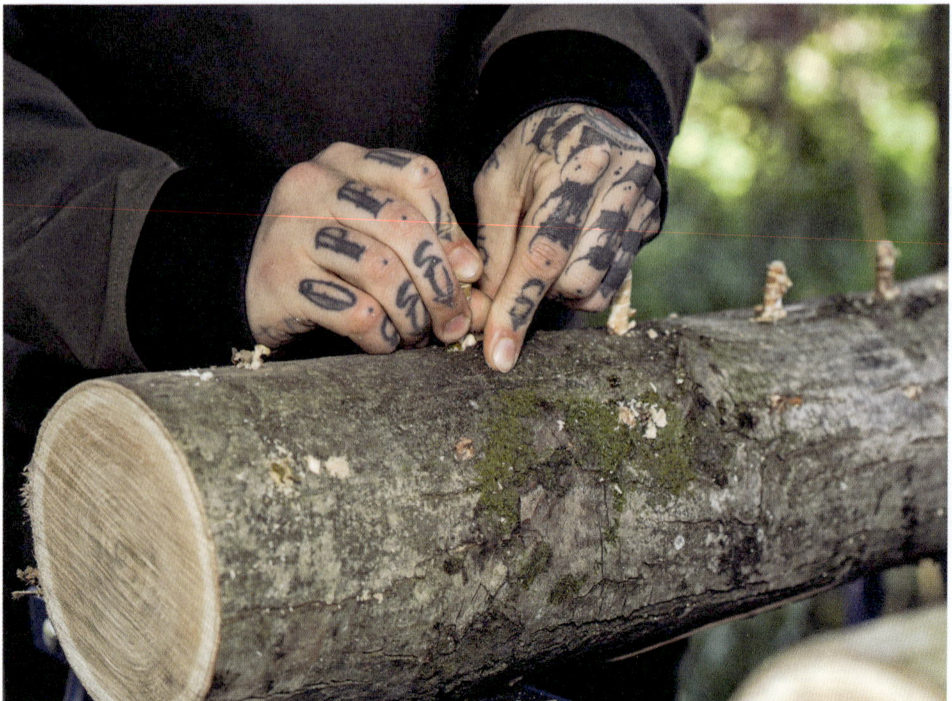

He aquí los pasos para preparar un leño en el que cultivar setas: taladrado (*página anterior, superior*), adición de los tacos (*página anterior, inferior*), golpeado de los tacos para dejarlos a ras (*superior izquierda*), fundición de la cera de soja (*extremo superior*), aplicación de la cera protectora (*izquierda*) y apilado entrecruzado de los leños encerados (*superior*).

PREPARACIÓN

1. Practique taladros en el leño con una separación de unos 10-15 cm y un diámetro de 8 mm. Deben tener la profundidad suficiente como para que quepa todo el taco y la parte superior quede a ras de la corteza; lo idóneo suelen ser 5 a 6 cm. Para conseguir la profundidad correcta, es útil ponerle a la broca una cinta adhesiva.

2. Si el leño tiene menos de 50 cm de longitud, empiece a 2,5 cm del extremo del mismo.

3. Si el leño tiene 50 cm de longitud, empiece a 5 cm del extremo del mismo.

4. Al practicar los taladros, siga el patrón de diamante del diagrama que figura abajo.

5. No es necesario taladrar ni inocular los extremos del leño.

Inferior Patrón idóneo para garantizarse un espaciado uniforme de los tacos. Tenga presente que puede cambiar debido a los diferentes tamaños de leño y a la cantidad de tacos que se tenga.

INOCULACIÓN

1. Introduzca un taco en cada agujero. Este debe quedar apretado de modo que no se pueda colocar entero a mano pero que baste un golpe suave con el mazo para encajarlo. Que quede bien ceñido ayuda a que el micelio se extienda por la madera.

2. PASO OPCIONAL DE SELLADO CON CERA: aunque es recomendable sellar los taladros con cera, no resulta imprescindible. Si se hace es porque impide que entre moho u otros competidores en los agujeros del sistema de defensa del leño (la corteza); además, si vive en un ambiente más seco, encerar los agujeros y los extremos cortados del leño puede evitar la pérdida de humedad. Si decide efectuar el sellado, he aquí cómo ha de hacerlo:

   Seleccione la cera: ha de ser de bajo punto de fusión y no estar aromatizada (que sea natural). Recomendamos la de soja y la de abejas.

   Caliente la cera con suavidad en una cacerola hasta que se derrita, pero sin que humee.

   Use una esponja o un pincel para aplicar la cera en los taladros y deje que se solidifique de forma natural.

   Cubra por completo los extremos del leño con cera y deje que se solidifique por sí sola.

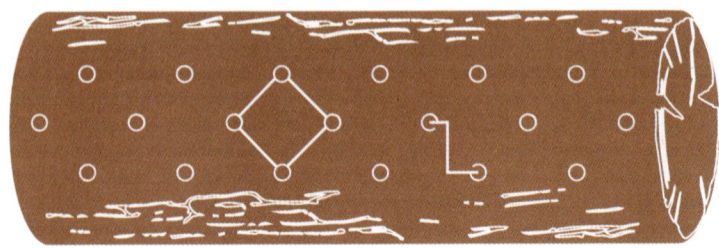

INCUBACIÓN

Una vez inoculados con éxito los leños, es el momento de dejarlos incubar. Durante este período, el micelio se abrirá paso por el leño y empezará a digerir los nutrientes que necesita para crecer. Cuando el leño se haya colonizado por completo y se den las condiciones externas adecuadas, brotará una cosecha de setas.

El tiempo de incubación depende de muchos factores, como la temperatura, la especie de seta, la cantidad de puntos de inoculación, el tamaño y el tipo del leño. Por lo general, se necesitan de 6 a 12 meses de incubación antes de que brote la primera cosecha de setas (al menos una temporada de primavera-verano).

COLOCACIÓN DE LOS LEÑOS

Para garantizar un desarrollo sano y uniforme, la ubicación de los leños debe seleccionarse con meticulosidad. Debe ponerlos en un lugar cálido y protegidos de la luz solar directa y del viento, ya que estos podrían resecarlos. Hay quienes incluso los introducen en bolsas de plástico sin cerrar, pero, al hacer esto, se impide el contacto con la lluvia y hay que comprobar que no se sequen. Lo más adecuado es tenerlos bajo la densa copa de un árbol.

La temperatura idónea ronda los 25 °C. De ahí que sea frecuente observar un desarrollo más rápido en los meses de verano y que, durante el invierno, sea casi nulo. Si dispone de espacio y quiere acelerar este proceso, puede tener los leños en interior (por ejemplo, en un cobertizo, establo u otra estancia) durante el invierno. Si los lleva al interior, debe ser a un espacio sin calefacción, ya que, de haberla, corren mucho riesgo de secarse. Además, las pilas de leños pueden cubrirse con una malla de sombreo para, así, evitar que se sequen si se quieren tener en un lugar expuesto en el exterior. Debe evitarse el plástico de uso prolongado, ya que puede propiciar la aparición de moho.

Si vive en un lugar con temperaturas elevadas, heladas periódicas o vientos fuertes, puede incubar los leños muy juntos para que se protejan entre sí. Si usa diversas especies, se pueden apilar juntas, pero hay que separarlas antes de que fructifiquen.

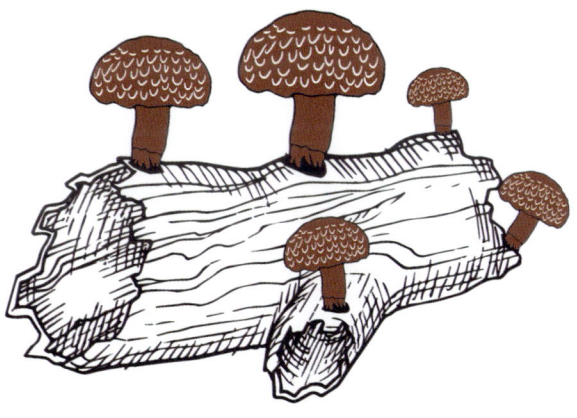

PLANTAS Y ORGANISMOS COMPETIDORES

Durante los primeros 9 meses tras la inoculación, los leños son susceptibles a la invasión de hongos y otros microorganismos competidores. Durante este tiempo, es importante que no estén en contacto con el suelo (se pueden apilar sobre ladrillos o palés). Pasado este período, el micelio ya se habrá asentado lo suficiente como para defenderse de la competencia. Puede que crezca vegetación entre o alrededor de la pila, pero no se preocupe, ya que servirá para proporcionar humedad y sombra. No obstante, a fin de evitar que las babosas y otras plagas devoren la cosecha, debe segarse antes de la temporada de fructificación.

RIEGO DE LOS LEÑOS

Si el tiempo es seco y caluroso durante una semana o más, tal vez tenga que plantearse regar los leños. Aunque se trata de una decisión personal, lo cierto es que un remojado de mantenimiento cuando se perciben signos claros de sequedad resulta prudente. Este paso implica sumergir los leños por completo durante 12 horas. Hay especies, en especial la seta de roble (*Lentinula edodes*), en las que este procedimiento puede provocar el inicio de la fructificación, por lo que durante las dos semanas posteriores hay que estar atentos a la formación de primordios.

FINAL DE LA INCUBACIÓN

Cuando se acerque el final de la incubación, tendrá que sacar los leños al exterior si han estado a cubierto hasta ese momento. Como ya se ha mencionado, lo idóneo es un lugar sombreado y resguardado del viento, como el que se buscaría para colocar una planta a la que le guste la sombra.

Hacia el final de la incubación, puede comprobar si hay signos de colonización. Si los extremos de los leños no están sellados, verá cómo se desarrolla el micelio blanco, a no ser que se trate de, por ejemplo, políporo azufrado (*Laetiporus sulphureus*), cuyo micelio es oscuro. Tal vez vea también micelio blanco que se desarrolla en grietas o en los agujeros tapados dentro del leño. En los extremos cortados, suele empezar con forma de estrella y, con el tiempo, se va uniendo hasta cubrir la mayor parte de ellos. Si tras 18 meses no ve indicios de micelio, lo más probable es que la especie se haya visto superada o que haya muerto.

Una mala señal: los extremos secos y agrietados de este leño podrían significar el final del camino para este cultivo.

FRUCTIFICACIÓN

Una vez colonizado el leño por completo, la última pieza del rompecabezas es asegurarse de que se encuentre en las condiciones adecuadas para, así, favorecer la fructificación. En la naturaleza, esta suele desencadenarse por la fluctuación térmica o tras unas fuertes lluvias. Las mejores épocas del año para aplicarles un golpe de frío a los leños son la primavera y el otoño: el calor del verano puede ser demasiado elevado como para que las setas fructifiquen y el frío del invierno implica que el micelio estará en estado latente.

Aplicar la técnica del *shocking* («golpeado») a la seta de roble para que fructifique es un proceso peculiar, ya que se reproduce la vibración de la caída de un árbol cercano, ¡que es el momento idóneo para que las setas fructifiquen y liberen esporas! Para ello, siga estos pasos:

Remoje el leño en agua limpia durante 24 horas.

Golpee el leño con un mazo o contra el suelo.

Ponga el leño en una pila entrecruzada (*inferior*).

Espere a que las setas broten.

El apilado entrecruzado de los leños resulta adecuado para especies como las del género *Pleurotus*, la seta de roble y las colibias de pie aterciopelado (*Flammulina velutipes*). Ocupa poco espacio, permite que circule aire fresco y mantiene los leños elevados del suelo y lejos de la contaminación.

Leños apilados entrecruzados.

RECOLECCIÓN

Cuando hayan brotado las setas, será el momento de recolectarlas. El mejor momento para hacerlo es cuando el velo del envés del sombrero se desprende y el borde exterior del sombrero empieza a curvarse hacia arriba.

1. Para recoger las setas del leño, sujételas por la base del pie y retuérzalas. Como alternativa, puede usar un cuchillo afilado y cortar el pie lo más cerca posible del leño. Una vez retiradas las setas, recorte los pies por la base, ya que puede estar dura y leñosa.

2. Guarde las setas recién recolectadas en el frigorífico u otro lugar adecuado.

SIGUIENTES COSECHAS

El cultivo en leños debe producir un mínimo de una cosecha anual durante, en función del tamaño y la densidad de estos, un máximo de 6 años. Tras la primera cosecha, vuelva a poner el leño en la pila. Se puede intentar que la seta de roble fructifique de nuevo una vez que las condiciones externas sean las adecuadas y hayan reposado unas 8 semanas. Sin embargo, si se fuerza el leño con demasiada frecuencia, puede agotarse y que vea reducida su longevidad. Una vez que el micelio haya consumido todos los nutrientes y no pueda producir más cosechas, no hay inconveniente alguno en que deje los leños en un entorno natural para que se descompongan.

Cultivar setas del género *Pleurotus* en cubos con paja

INTERMEDIO

Una vez que haya logrado cultivar setas del género *Pleurotus* en bolsas de café, tal vez quiera ir un paso más allá tanto en términos de volumen de producción como de eficiencia del proceso. Cultivar setas en cubos es el paso lógico y perfecto. Lo mejor de este método es que en él se usan envases reutilizables, lo que lo hace más rentable y mejor para el medio ambiente. Además, ¡no tienen por qué usarse cubos! Este método funciona igual de bien con cualquier otro recipiente estanco, como botellas o cajas de plástico. Los volúmenes de los recipientes tienden a ser mayores que cuando se cultiva en bolsas, lo cual está muy bien, ya que más sustrato implica más producción, pero, a medida que aumentamos los volúmenes, la pasteurización con agua caliente se vuelve menos eficaz y más costosa, por lo que puede hacer falta otro método.

Aquí nos centraremos en el cultivo con cubos en interior. También puede fructificar cubos en exterior si la situación lo requiere: basta con que se ciña a los principios básicos.

MATERIALES

Inóculo: el más adecuado es el de cereales. En un cubo normal de 25 litros, lo más probable es que emplee unos 750 ml.

Sustrato: paja picada sin tratar o similar.

Bolsa para la colada o funda de almohada: para pasteurizar el sustrato de paja.

Recipiente de pasteurización: debe ser un gran contenedor estanco, como un barril, un contenedor de basura con ruedas o un contenedor tipo IBC.

Cal hidratada: debe ser baja en magnesio, como la Blue Circle Hydralime, y usarse 1 g por cada litro de agua.

Cubo: recipiente estanco con tapa (las cubas para elaborar cerveza son estupendas)

Taladro: de 5 a 8 mm.

Alcohol isopropílico: para limpiar el instrumental. Si no puede conseguir este alcohol, bastará con agua hirviendo.

Cinta adhesiva microporosa: suele encontrarse en botiquines (no debe usarse otro tipo de cinta).

Bolsa de basura negra: para tapar el cubo.

Corteza o perlita: u otro agregado.

Bandeja de plástico: para recoger la humedad.

Pulverizador: a estrenar o sin contaminar.

¿QUÉ INÓCULO ELEGIR?

Al igual que cuando se cultiva en lechos o macizos, tanto el de cereales como el de serrín son adecuados. En mi caso, prefiero el de cereales, ya que el micelio atraviesa mucho más rápido este material, el cual, además, aporta nitrógeno adicional. Puede que la decisión se reduzca a qué sea lo más fácil de conseguir (¡o lo más asequible!). También tiene la opción de usar inóculo casero.

Orellanas rosadas
(*Pleurotus djamor*).

PREPARACIÓN DEL SUSTRATO

Al igual que al cultivar en bolsas, el sustrato de paja debe pasteurizarse antes de su uso. En este caso usaremos la pasteurización en frío en un sustrato de paja. Si bien se trata de un método muy escalable que se usa en muchas explotaciones comerciales, solo es apropiado en un sustrato como la paja picada, el cual absorbe el agua y no es tan fino como el serrín.

1. Introduzca el sustrato en una bolsa suave y porosa, como una bolsa para la colada o una funda de almohada. No apriete demasiado el sustrato, ya que el líquido debe penetrar en él con libertad.

2. Llene de agua el recipiente de pasteurización lo suficiente como para poder sumergir por completo las bolsas de sustrato sin que se desborde.

3. Calcule el volumen de agua del recipiente de pasteurización y, después, añada 1 g de cal hidratada por cada litro de agua. Siga las instrucciones del fabricante de la cal hidratada para usarla de un modo seguro.

4. Remueva bien la solución.

5. Agregue las bolsas de sustrato a la solución y póngales encima un peso (un ladrillo suele ser una buena opción) para que se queden sumergidas.

6. Déjelas en remojo durante 18 horas. Remueva el agua y revuelva el material con regularidad para asegurarse de que todo él quede mojado.

7. Saque las bolsas de sustrato y cuélguelas en un lugar limpio para que se escurra el exceso de líquido (apretar el sustrato puede acelerar el proceso). A poder ser, pero solo si puede mantener las condiciones de esterilidad, extienda el material sobre una rejilla de secado estéril durante una hora antes de utilizarlo.

PREPARACIÓN DEL CUBO

Una buena higiene durante la preparación del cubo es crucial para garantizar el desarrollo sano del micelio. Siempre recomiendo adquirir un cubo con tapa y que sea de un material resistente. Lo idóneo es que no supere los 30 cm de diámetro, pero puede tener la altura que se quiera.

1. Practique unos taladros de 5-8 mm en los laterales del cubo. Los orificios deben quedar distribuidos con uniformidad por todo el lateral. Para ello, es buena idea hacer uno cada 6-8 cm. Tenga presente que tener más orificios no implica tener más setas.

2. Practique al menos cuatro agujeros de drenaje en el fondo del cubo.

3. Asegúrese de limpiar bien el cubo (sobre todo si ya se ha usado para cultivar setas) para eliminar cualquier resto de materia orgánica y, a continuación, pásele alcohol isopropílico. Es recomendable también quitar los trozos de plástico que puedan haber caído al taladrar.

Preparación del cultivo en un cubo, con inóculo y paja.

INOCULACIÓN

1. Lávese bien los brazos y antebrazos con agua tibia y jabón. Nosotros somos el principal vector por el que se introduce la contaminación en el sustrato: tómese en serio la higiene antes de empezar.

2. Añada 5 cm de sustrato al fondo del cubo, luego esparza una generosa cantidad de inóculo, otra capa de 5 cm de sustrato y otra generosa cantidad de inóculo (se trata del «método lasaña»).

3. Comprima con suavidad las capas de material.

4. Repita los pasos 2 y 3 hasta que haya llenado el cubo.

5. Tape con cuadrados de cinta adhesiva microporosa cada uno de los agujeros practicados (para mantener la humedad dentro y los contaminantes fuera al tiempo que el micelio respira).

6. Mantenga el cubo elevado sobre el suelo durante un par de horas para que escurra el líquido que quede.

INCUBACIÓN

1. Introduzca el cubo dentro de una bolsa de basura negra. Ate la bolsa por arriba para que, así, no haya intercambio de aire.

2. Seleccione un lugar con una temperatura constante. Lo idóneo es que esté a 20-25 °C. La constancia térmica es esencial para que el micelio no se estrese. NO SON APTOS los lugares situados directamente junto a una fuente de calor, sobre una alfombrilla de propagación o en un invernadero.

3. Deje el cubo incubándose durante, al menos, 3 semanas. Puede abrir el cubo para echar un vistazo y controlar el progreso del micelio, pero ha de hacerlo con rapidez y volver a poner siempre el cubo en las condiciones de incubación adecuadas.

4. Una vez que el micelio sea espeso y blanco y cubra la mayor parte del sustrato, podrá pasar a la fructificación. No se apresure: cuanto más se desarrolle el micelio, mejores serán las cosechas.

5. Si ve que se forman primordios (setas bebé, en las que el micelio se agrupa), es un indicio inequívoco de que ha de pasar a la fase de fructificación; sin embargo, su presencia no es esencial.

Si durante la incubación observa grandes manchas de moho o un olor desagradable, será porque la pasteurización no habrá sido eficaz y tendrá que volver a empezar. Es bastante habitual que aparezca alguna pequeña mancha de moho, y no supone ningún problema.

FRUCTIFICACIÓN

1. Localice un lugar adecuado para la fructificación. Debe tener una temperatura adecuada para la variedad seleccionada (*véase* página 90), luz indirecta (la suficiente como para se pueda leer) y aire fresco (pero no en el alféizar de una ventana). El cuarto de baño es un buen lugar.

2. Esparza por el fondo de la bandeja una capa de 3 cm de perlita y humedézcala bien, pero sin que se quede sumergida.

3. Ponga el cubo sobre la perlita y, a continuación, pulverice agua por los laterales del mismo y el interior de la cúpula de humedad.

4. Coloque la cúpula de humedad sobre el cubo. Asegúrese de que los laterales de la cúpula no entren en contacto directo con los del cubo.

5. Retire la cúpula, pulverícele agua y vuelva a ponerla en su sitio dos veces al día para que salga el dióxido de carbono y entre humedad fresca.

6. Vuelva a humedecer el material de la bandeja.

7. En función de las condiciones ambientales, puede que se formen primordios y puntas de setas de 1 a 3 semanas después.

8. Cuando se desarrollen las puntas de setas, siga pulverizando agua a la cúpula dos veces al día, pero no lo haga directamente sobre las setas en desarrollo, ya que podría hacer que se secaran. Algunas de estas puntas crecerán hasta alcanzar el tamaño completo, mientras que el crecimiento de otras no tardará en detenerse: es algo completamente normal.

RECOLECCIÓN

La primera cosecha de setas suele ser la más abundante. En función de la calidad del sustrato y del control ambiental, al cultivar setas del género *Pleurotus* en cubos se pueden tener hasta cinco cosechas. La recolección de estas setas es un proceso sencillo, pero debe hacerse bien:

1. Las setas están listas para recolectar cuando los sombreros se abran y se aplanen. Hay que recolectarlas antes de que se vuelvan cóncavos, suelten esporas y se sequen.

2. Agarre una flota (grupo de setas) entera y dele una vuelta completa (se desprenden con facilidad). No se preocupe si, al hacerlo, sale un poco de material del sustrato.

3. Una vez que haya recolectado los cuerpos fructíferos maduros, deshágase de todas las puntas de setas abortadas y de los crecimientos anormales.

4. Asegúrese de que no queden en el sustrato pies u otras partes de setas que puedan acabar por enmohecerse.

5. Corte con un cuchillo los 2,5 cm de la base de los pies de las setas que haya recolectado, ya que esta parte estará dura y resulta desagradable al paladar. Puede usar las bases para elaborar inóculo en cartón (*véase* página 100).

6. Guarde las setas en el frigorífico o en algún otro lugar adecuado (*véase* página 161).

SIGUIENTES COSECHAS

1. Vuelva a poner el cubo en el entorno de crecimiento y prosiga con el procedimiento del paso 4 de la fase de fructificación.

2. Lo esperable es tener otra cosecha de 1 a 3 semanas después.

3. Si al cabo de 3 semanas no brota otra cosecha, puede ser porque las condiciones ambientales hayan cambiado y se hayan vuelto inadecuadas (por lo general, la temperatura): las setas son muy sensibles incluso a los cambios más pequeños en su entorno. Lleve el cubo a otro lugar adecuado y siga encargándose de él durante otras 2 semanas.

4. Pasado este período adicional, si sigue sin ver signos de crecimiento, pero el micelio parece sano, sería adecuado aplicarle un golpe de frío. Para ello, deje durante 8 horas el cubo en un recipiente grande lleno de agua fría. Cuando lo saque, habrá hecho que el micelio crea que ha cambiado la estación y que ha llovido mucho. Si la temperatura exterior es inferior a 10 °C, puede dejar el cubo fuera toda la noche para lograr el mismo efecto. Deje que el cubo escurra bien y, después, vuelva a ponerlo en el lugar de fructificación y siga pulverizándole agua.

Página anterior y páginas 140 y 141 Diversas setas del género *Pleurotus*. Todas se han cultivado en casa con el método del cubo y sin necesidad de una gran tecnología.

¿ALGO HA IDO MAL?

Consulte la información sobre solución de problemas de las páginas 148-153.

Cultivar melena de león (y muchas otras setas) en bolsas de serrín

AVANZADO

La melena de león (*Hericium erinaceus*) es la estrella de la nueva ola de todo lo relacionado con las setas, y no es difícil ver por qué. Es una seta de un aspecto místico, sabe deliciosa (es mi favorita) y posee muchas propiedades medicinales. Si bien el cultivo casero de esta especie es un proceso relativamente sencillo, hacen falta algunos utensilios y conocimientos adicionales para que todo salga bien. Pero no tema: al igual que con las demás especies que ya hemos visto, si se ciñe a los principios básicos y sigue esta guía, no tendrá ningún problema.

Lo bueno de dominar esta técnica es que es la base del cultivo de muchas otras setas exóticas culinarias, como la seta de roble (*Lentinula edodes*), la pipa de Sichuán (*Ganoderma sichuanense*) y el yesquero multicolor (*Trametes versicolor*). Recuerde que, aunque las mezclas de sustratos, los tiempos de incubación/fructificación y las condiciones de crecimiento puedan variar un tanto, el proceso fundamental es el que se describe en esta guía.

MATERIALES

Inóculo: el más adecuado es el de cereales. Utilice una proporción de al menos el 10 por ciento (unos 100 g de inóculo por cada kilogramo de sustrato seco).

Cuenco para mezclar: con el tamaño suficiente para que quepa la mezcla de sustrato.

Sustrato: mezcla magistral u otra mezcla adecuada de maderas duras.

Bolsa de cultivo: ha de ser una bolsa de cultivo especial que soporte la cocción a presión y tenga un filtro de 0,5 micras o menos. El tamaño de la bolsa determinará la cantidad de sustrato que hará falta.

Báscula: capaz de medir en gramos.

Olla a presión: la bolsa de cultivo ha de caber con holgura.

Alcohol isopropílico: para limpiar el instrumental. Si no puede conseguir este alcohol, bastará con agua hirviendo.

SAB/campana de flujo laminar (recomendado): para trabajar en un entorno limpio.

Guantes de látex: o una alternativa estéril.

Selladora de bolsas: lo idóneo es una termoselladora, pero también se puede usar cinta adhesiva.

Cinta adhesiva: la mejor opción es la cinta americana, pero la de embalar basta.

Cuchillo afilado o tijeras: hace falta para practicar agujeros en la bolsa de cultivo.

Entorno de cultivo: cúpula de humedad, *monotub* o cámara de fructificación.

Si usa una cúpula:

Bandeja de plástico: para recoger la humedad.

Corteza o perlita: u otro agregado.

Pulverizador: a estrenar o sin contaminar.

Melena de león prematura: ¡aún le faltan unos días para su recolección!

¿QUÉ INÓCULO ELEGIR?

Por lo general, al cultivar melena de león se busca usar inóculo en paja o en cereales. Cualquiera de los dos funciona bien y, en última instancia, se trata de asegurarse el inóculo de mejor calidad que pueda conseguir con su presupuesto. Hasta que domine las técnicas de producción de inóculo, es recomendable que adquiera el necesario para la melena de león a un proveedor de confianza. Debido a la lentitud con la que crece el micelio de melena de león, la posibilidad de contaminación y otros problemas es relativamente elevada en comparación con las setas del género *Pleurotus*, por lo que al usar un inóculo fiable se puede eliminar una de las principales causas de contaminación.

PREPARACIÓN DEL SUSTRATO

1. Mezcle los ingredientes que haya elegido para crear su mezcla de sustrato (*véanse* páginas 72-77). La bolsa de cultivo que use determinará la cantidad que haga falta. La bolsa ha de llenarse hasta unos 5 cm por debajo del filtro.

2. Pese la mezcla y anote el peso total que vaya a utilizar.

3. Hidrate la mezcla para que esté húmeda, pero que, al apretar un trozo de esta, solo salga una gota. Procure no encharcar la mezcla.

4. Añada la mezcla a la bolsa de cultivo pero no la llene por encima del filtro y asegúrese de dejar espacio suficiente para poder doblar el plástico sobrante de la parte superior de la bolsa por debajo del bloque de sustrato. De este modo, la bolsa quedará lista para la esterilización.

5. Tome el bloque de sustrato y cuézalo a presión según las instrucciones del fabricante (15 psi durante 90 minutos). Tenga presente que debe alcanzar los 15 psi (aproximadamente 1 bar) antes de poner en marcha el temporizador.

6. Deje que se enfríe a temperatura ambiente.

INOCULACIÓN

1. Limpie el lugar de trabajo y todo el instrumental con alcohol y, a continuación, lávese bien las manos y los antebrazos con agua tibia y jabón. Nosotros somos el principal vector por el que se introduce la contaminación en el sustrato, así que merece la pena tomarse en serio la higiene antes de empezar. Este paso debe repetirse cada vez que entre en contacto con el cultivo.

a. Si tiene acceso a una SAB (caja de aire inmóvil) o a una campana de flujo laminar, úsela durante toda la fase de inoculación.

b. También es recomendable llevar guantes estériles al manipular el sustrato, el inóculo y el instrumental.

2. Desmenuce bien el inóculo dentro de su envase original (¡muy importante!) y péselo hasta alcanzar el 10 por ciento del peso en seco que anotó antes; así, por cada kilogramo de sustrato seco, necesitará al menos 100 g de inóculo.

3. Introduzca el inóculo en la bolsa de cultivo y séllela cuanto antes con una termoselladora o con cinta adhesiva en la parte superior. No la apriete para sacarle el aire.

4. Trabaje la mezcla de inóculo y sustrato hasta asegurarse de que el primero quede distribuido de un modo uniforme por el segundo.

5. Agite la bolsa desde arriba para que toda la mezcla se asiente en el fondo y el filtro quede en la parte superior, ya que así permitiremos el libre intercambio de aire.

Una seta melena de león perfectamente formada, cultivada en el exterior, en bloque de serrín.

INCUBACIÓN

1. Seleccione un lugar oscuro y con una temperatura constante. Lo idóneo es que esté a 20-25 °C. La constancia térmica es esencial para que el micelio no se estrese. NO SON APTOS los lugares situados directamente junto a una fuente de calor, sobre una alfombrilla de propagación o en un invernadero.

2. Deje el bloque en incubación durante, al menos, 3-4 semanas. Si quiere supervisar el progreso del micelio, inspeccione la bolsa bajo unas condiciones lumínicas adecuadas.

3. Una vez que el micelio cubra la mayor parte del sustrato, podrá pasar a la fructificación. No se apresure: cuanto más se desarrolle el micelio, mejores serán las cosechas. NOTA: el micelio de la melena de león es más fino y ralo que el de las setas del género *Pleurotus*, lo cual es perfectamente normal.

4. Si ve que se forman primordios (setas bebé, en las que el micelio se agrupa), es un indicio inequívoco de que ha de pasar a la fase de fructificación; sin embargo, su presencia no es esencial.

Si durante la incubación observa grandes manchas de moho o un olor desagradable, será porque la pasteurización no habrá sido eficaz y tendrá que volver a empezar. Es bastante habitual que aparezca alguna pequeña mancha de moho, y no supone ningún problema.

FRUCTIFICACIÓN

Existen muchas formas de hacer fructificar la melena de león, desde al aire libre en condiciones naturales hasta en cámaras automatizadas por completo. Como siempre, el objetivo es mantener los parámetros correctos de la forma más constante posible. Aunque sin un equipo especial no podrá medirlos con precisión, el método de baja tecnología, como el que se describe a continuación, puede funcionar igual de bien si se sigue de la forma correcta.

1. Lleve el bloque del espacio de incubación al de fructificación que haya elegido. Procure que sea un lugar con luz solar ambiental, pero no directa, y a una temperatura de 16-21 °C.

2. Doble el exceso de material de la bolsa en torno al bloque y debajo de este (como ha hecho antes de la esterilización). Al hacerlo, expulse el aire a través del filtro y, a continuación, cierre la bolsa con cinta adhesiva. El plástico debe quedar ajustado por la cara delantera del bloque de cultivo.

3. Con un cuchillo limpio y afilado, haga un corte en diagonal por la cara delantera de la bolsa.

4. Ponga la bolsa en el entorno de fructificación.

Si usa cámaras de fructificación o *monotubs* con elementos de supervisión: con las condiciones adecuadas, las setas se desarrollarán y crecerán en 1 a 3 semanas.

Humedad: 85-95 por ciento

Temperatura: 16-21 °C

Dióxido de carbono: <1000 ppm

Luz: de moderada a poca

Un ejemplar de seta melena de león (*Hericium erinaceus*) cultivada en una cámara de fructificación construida en casa.

CÚPULAS DE HUMEDAD O *MONOTUBS* DE BAJA TECNOLOGÍA

1. Esparza por el fondo de la bandeja una capa de 3 cm de perlita y humedézcala bien, pero sin que se quede sumergida.

2. Ponga el bloque de micelio sobre la perlita y, a continuación, pulverice agua limpia por los laterales del mismo y el interior de la cúpula de humedad.

3. Coloque la cúpula de humedad sobre el bloque. Asegúrese de que los laterales de la cúpula no entren en contacto directo con los del bloque.

4. Retire la cúpula, pulverícele agua y vuelva a ponerla en su sitio dos veces al día para que salga el dióxido de carbono y entre humedad fresca.

5. Si ve que hace falta, agréguele agua a la bandeja.

6. Las setas se desarrollarán y crecerán en 1 a 3 semanas.

7. Si, pasado este tiempo, no percibe ningún crecimiento, tal vez las condiciones no sean las adecuadas. Pruebe a llevar la cúpula y el bloque a otra habitación donde la luz y la temperatura sean más adecuadas (*véase* la tabla de especificaciones en la página 90).

RECOLECCIÓN

La primera cosecha de setas suele ser la más abundante. En función de la calidad del sustrato y del control ambiental, al cultivar melena de león se pueden tener hasta tres cosechas. La recolección de estas setas es un proceso sencillo, pero debe hacerse bien:

1. Puede resultar difícil dar con el momento justo para cosecharlas. Se trata de hacerlo cuando el ritmo de crecimiento empiece a disminuir y a detenerse. Si la fructificación empieza a ponerse marrón o a secarse, es señal inequívoca de que hay que recolectarlas.

2. Agarre un grupo completo y dele una vuelta completa (se desprenden con facilidad). No se preocupe si, al hacerlo, sale un poco de material del sustrato.

3. Una vez que haya recolectado todos los cuerpos fructíferos maduros, deshágase de todas las puntas de setas abortadas y de los crecimientos anormales.

4. Asegúrese de que no queden en el sustrato pies u otras partes de setas que puedan acabar por enmohecerse.

5. Guarde las setas en el frigorífico o en algún otro lugar adecuado (*véase* página 161)

SIGUIENTES COSECHAS

1. Vuelva a poner el bloque en el entorno de crecimiento y prosiga con el procedimiento de la fase de fructificación.

2. Lo esperable es tener otra cosecha 1 a 3 semanas después.

3. Si al cabo de 3 semanas no brota otra cosecha, puede ser porque las condiciones ambientales hayan cambiado y se hayan vuelto inadecuadas (por lo general, la temperatura): las setas son muy sensibles incluso a los cambios más pequeños en su entorno. Compruebe y vuelva a ajustar el control ambiental o, si usa una cúpula de humedad, pruebe a llevarla a otro lugar con condiciones más favorables durante otros 14 días.

4. Pasado este período adicional, si sigue sin ver signos de crecimiento, pero el micelio parece sano, sería adecuado aplicarle un golpe de frío. Para ello, deje el bloque en el frigorífico durante 24 horas. Cuando lo saque, el micelio reaccionará como si hubiera cambiado la estación. Si piensa que el micelio puede haberse secado, tal vez resulte adecuado dejar el bloque en remojo durante 6 horas y, a continuación, escurrirlo bien antes de someterlo al golpe de frío.

5. Lleve de nuevo la bolsa de cultivo al lugar de fructificación y siga encargándose de ella.

Cuando algo ha ido mal

PROBLEMAS HABITUALES

EL MICELIO NO SE DESARROLLA

Una de las causas habituales de un desarrollo micelial deficiente es el encharcamiento del sustrato. Deje que el bloque de sustrato se seque antes de volver a incubarlo o reduzca durante un tiempo la humedad del entorno de cultivo.

El estrés es otra causa posible del desarrollo deficiente del micelio. Procure que todas las condiciones ambientales sean adecuadas para la especie y, sobre todo, que sean constantes.

Temperatura demasiado elevada: incubar cerca de una fuente directa de calor, como un radiador, una esterilla de propagación, tuberías calientes o una caldera, puede repercutir en el desarrollo del micelio. Asegúrese de incubar en un lugar con temperaturas constantes y lejos de fuentes de calor concentrado (las temperaturas de más de 30 °C acaban con el micelio).

Temperaturas demasiado bajas: si el lugar de incubación es demasiado frío, al micelio le puede costar colonizar el sustrato, lo que hará que se alargue el proceso de crecimiento. Lleve el cultivo a un lugar más cálido y preste atención a los cambios en el desarrollo.

MAL OLOR

Un olor desagradable es siempre un mal indicio. ¡El micelio debe tener un olor terroso o fúngico y agradable! El mal olor suele ser indicativo de la presencia de bacterias anaerobias. Suele ir acompañado de líquidos de color (producidos por las propias bacterias o como resultado de la generación de metabolitos adicionales por parte del micelio). En función de la gravedad, puede ser el final de ese lote, pero, si los niveles son bajos, continúe vigilando, ya que el micelio puede ganar la batalla.

LÍQUIDO MARRÓN

Los metabolitos secundarios son un líquido gelatinoso y un subproducto habitual del metabolismo del micelio. Sin embargo, solo deben darse en niveles bajos y no han de ser acres. Si percibe un aumento o un cambio de color del metabolito, es señal de que el micelio está estresado. Esto puede deberse a la contaminación por parte de otro microorganismo o a condiciones inadecuadas para un crecimiento sano. Vuelva a comprobar todos los parámetros medioambientales y supervíselo todo con minuciosidad.

El crecimiento en forma de coral de las setas del género *Pleurotus* indica que la luz o la intensidad de esta no son adecuadas.

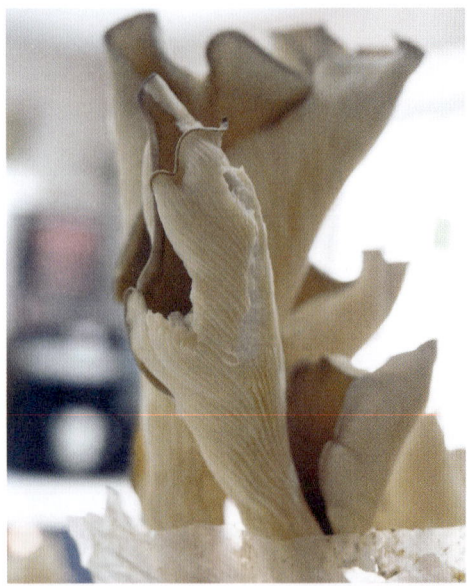

MOHO VERDE

La presencia de moho verde en el sustrato es signo inequívoco de que hay un problema de contaminación. Es probable que se trate de *Trichoderma* o de mohos peniciloides, y lo más probable es que se deba a una pasteurización/esterilización ineficaz o a un inóculo contaminado. Lo habitual es que, si se trata de niveles bajos, no influya en las setas, pero si el moho se apodera por completo del micelio hasta hacer que se retraiga, es probable que el cultivo fracase. Hay que retirar cuanto antes los bloques muy contaminados para, así, evitar que caigan esporas de moho en el entorno de cultivo.

RECOLECCIÓN TARDÍA

Cuando las setas se recolectan tarde, al principio parecen bien formadas y, luego, pasan de ser planas a cóncavas, no tardan en perder su condición y se secan (*véase página anterior, centro derecha*). Retire todas las fructificaciones y asegúrese de recoletar antes la siguiente cosecha. Por otra parte, las setas pueden espigarse (*véase página anterior, inferior derecha*) cuando falla el intercambio de aire fresco. Si las setas NUNCA se han llegado a formar bien, es probable que se trate de un problema de intercambio de aire fresco más que de uno de recolección tardía. A fin de eliminar el dióxido de carbono, aumente la circulación de aire en su entorno de cultivo.

SETAS ESPIGADAS

El espigamiento y los sombreros atrompetados son problemas que se dan más en especies ávidas de oxígeno, como las del género *Pleurotus*. Pueden deberse a que las setas no estén recibiendo suficiente oxígeno o que falla el intercambio de aire. ¡Que no cunda el pánico si se le espigan las setas! Es algo que nos pasa a la mayoría en nuestro viaje. Quite los sombreros deformados, deshágase de ellos y lleve el cultivo a un lugar con mejor ventilación o aumente la velocidad a la que el ventilador hace que entre aire fresco. Lo esperable es que, en la siguiente cosecha, las setas tengan una forma normal.

SOMBREROS SECOS

Si las setas empiezan a agrietarse, se ponen marrones o se arrugan, es porque la humedad ambiental es demasiado baja o porque los sombreros se humedecen demasiado al pulverizarles agua con luz directa. Evite que se mojen los sombreros cuando utilice el pulverizador y asegúrese de que la humedad sea constante en el entorno de cultivo. Otra causa de que los sombreros estén secos es que se recolecten tarde. Una vez que las setas hayan soltado las esporas, dejarán de crecer y comenzarán a degradarse. Recoléctelas con antelación para asegurarse de que estén en su mejor estado.

OTROS HONGOS

En el sustrato puede haber esporas de otros hongos en estado latente. Pueden ser termorresistentes y, en ciertos casos, sobrevivir a la pasteurización, competir con nuestros hongos y superarlos. Sirva de ejemplo el coprino entintado (*Coprinopsis atramentaria*), una seta que se da en todo el mundo y, en especial, en sustratos de paja. Nunca consuma setas de las que no tenga la seguridad de que son comestibles. Aunque puede suceder que las setas que cultive crezcan junto con las invasoras, el rendimiento se verá mermado. Tal vez tenga que esterilizar el sustrato que elija en lugar de pasteurizarlo.

Página anterior Especies competidoras (*superior izquierda*), moho verde (*superior derecha e inferior izquierda*), setas recoletadas de forma tardía (*centro derecha*) y setas espigadas (*inferior derecha*).

Preguntas frecuentes

Han pasado 3 semanas, ¿por qué no hay setas?

Puede deberse a que el entorno de fructificación sea demasiado cálido, demasiado frío o demasiado seco. Lleve el cultivo a otra zona más adecuada, controle con regularidad la humedad y la pulverización de agua y espere a que se produzca algún cambio. Si no percibe ninguno transcurridos otros 14 días, puede ser conveniente aplicar un golpe de frío. Para ello, ponga el sustrato en el frigorífico durante unas 24 horas (o, si hace frío suficiente, al aire libre).

¿Por qué el micelio atrae a unas pequeñas moscas negras?

Es normal: esos insectos se alimentan de los metabolitos secundarios (el producto de desecho) del micelio. Pese a que puedan resultar molestos, no suponen ningún riesgo para las setas.

¿Se pueden comer mis setas?

Solo deben consumirse aquellas que no presenten signos visibles de contaminación cruzada con otros mohos u hongos y cuando se esté seguro de que se trata de la especie cultivada.

Reutilización del sustrato

Hemos aprendido a cultivar setas en materiales de desecho, como los posos de café, y sabemos que el micelio en sí es beneficioso para nuestro mundo. Estos aspectos le confieren al cultivo de setas unas potentes credenciales ecológicas y beneficios económicos. Pese a todo, aún podemos ir un paso más allá en el aprovechamiento de las increíbles características del micelio. De entre ellas, destaca su capacidad de extenderse desde una fuente de alimento a otra. A diferencia de las plantas, en las que el final del ciclo vital implica el final de la productividad, el micelio puede añadirse a más sustrato de crecimiento no solo para recomenzar el ciclo, sino para acelerar la productividad potencial.

MANTILLO

Tal vez tenga un huerto con espacio entre las plantas, o acaso macetas de vivaces en el balcón. Se trata solo de dos ejemplos de lugares en los que crear un mantillo de setas. Lo bueno de este método es que sirve para duplicar el espacio de cultivo. Así, donde antes se tuviera un arriate o lecho de ruibarbo de 5 m², se puede tener uno de ruibarbo de 5 m² y, ADEMÁS, uno de setas de otros 5 m².

Tanto al desmenuzar bloques de micelio como al tomar micelio de otros lechos de setas y mezclarlo con un sustrato fresco adecuado, se le puede dar una nueva vida al micelio. Este método funciona especialmente bien con las setas del género *Pleurotus* y con la bruja marrón grande (*Stropharia rugosoannulata*), que crecen de forma prolífica y agresiva. La mayoría de los sustratos habituales para las especies elegidas son también adecuados para este método, aunque la paja es la opción más popular, ya que es fácil de trabajar, se descompone con rapidez y resulta un mantillo estupendo para las plantas, ¡incluso sin añadirle setas!

El cultivo de setas es compatible sobre todo con el de brasicáceas, tubérculos, árboles frutales, vivaces o cualquier otra planta que crezca a la sombra. Encárguese del mantillo como si fuera un lecho de setas: manténgalo húmedo y tenga en cuenta que, cuanto más grueso sea, mejor.

ZANJAS DE SETAS

Las zanjas de setas son un concepto muy similar al del lecho de setas: se le añade micelio a un sustrato adecuado y se deja que la naturaleza siga su curso. Sin embargo, las zanjas tienen la ventaja de que en entornos expuestos, sobre todo secos o fríos, quedan aisladas por debajo del suelo.

El proceso para crearlas es muy sencillo: empiece por cavar una zanja de la anchura y la profundidad del bloque de sustrato y con una longitud adecuada para el número de bloques que tenga, de modo que queden 15-20 cm de espacio entre cada uno. Este método funciona mejor con al menos cuatro bloques, pero todos deben ser de la misma variedad y, ADEMÁS, de la misma cepa; de lo contrario, competirán entre sí. Al colocar los bloques en la zanja, es recomendable desmenuzarlos o romperlos un poco para, así, aumentar la superficie de contacto entre el micelio y el sustrato fresco. Al igual que ocurre con los lechos de setas, el micelio se extenderá por todo el material y lo digerirá, por lo que solo se deberá rellenarlo cuando se necesite, y, cuando las condiciones ambientales sean las adecuadas, ¡tendrá más setas!

Página anterior
Cosechando con avidez unas orellanas rosadas cultivadas en el mantillo de un lecho de hortalizas.

Superior Al introducir un bloque de sustrato ya usado en una zanja, se le da una nueva vida al micelio.

COMPOST DE SETAS

Añadir sustrato de setas usado a su pila o volteadora de compost es la forma idónea de mejorarlo, y no solo en cuanto al perfil nutricional, por el material predigerido, sino también en lo relativo a la actividad microbiana. Además, la naturaleza exotérmica del micelio puede servir para aportar calor, el cual, a su vez, acelerará la actividad de los demás microorganismos beneficiosos del compost.

Al compostar, se necesita una mezcla saludable de «material marrón» (aquel con alto contenido en carbono, como virutas de madera o cartón) y «material verde» (aquel con alto contenido en nitrógeno, como residuos de alimentos frescos). El sustrato ya usado suele considerarse material marrón, lo que resulta de especial utilidad para quienes compostan en casa, ya que suele ser el material más difícil de conseguir y añadir en las cantidades necesarias.

¡No somos los únicos a los que les gustan las setas y el micelio!

Además, el micelio penetra en el compost y aporta todos los grandes beneficios que aportaría en el suelo, entre ellos la rápida descomposición del material y la mejora de la estructura del suelo. Es importante que al compost se le dé la vuelta con la frecuencia adecuada: si se hace con demasiada, el micelio no logra establecerse; si no se hace con la suficiente, se vuelve anaeróbico. Lo recomendable es abordar este aspecto como si se tratara de un tarro con inóculo: una vez que el micelio ha colonizado en torno a un tercio del material, se le da una vuelta para que entre oxígeno y el micelio se redistribuya.

Claro está que son muchos los beneficios que se obtienen, ¡pero lo que queremos es tener más setas!

Si añadimos el micelio de una especie adecuada, como una descomponedora secundaria o terciaria, como las setas del género *Pleurotus*, la bruja grande marrón o el champiñón (*Agaricus bisporus*), podemos esperar más cosechas si se dan las condiciones ambientales. En el caso de especies que, como la seta de roble (*Lentinula edodes*), realmente necesitan un sustrato denso y dominado por la madera dura, es poco probable que se tengan cosechas adicionales.

Con todo, sigue siendo interesante añadirlas por la diversidad de materia orgánica y el refuerzo nutricional que brindan.

Que el compost acabe llegando al suelo es donde reside el mayor beneficio de añadir una especie adecuada. Con el tiempo, tendrá todo el espacio de cultivo lleno de un material compuesto de micelio y sustrato, y el resultado será una abundancia de setas naturales que podrá recolectar y disfrutar para siempre.

Orellanas amarillas (*Pleurotus citrinopileatus*) cultivadas en exterior: tan coloridas y perfectamente formadas como las de cualquier explotación de interior.

PARTE V

Las setas en la vida cotidiana

Ahora que ya domina varias técnicas de cultivo, puede decidir cómo maximizar el potencial del fruto de su trabajo. En este capítulo explicamos cómo incorporar las setas a la vida cotidiana mediante técnicas para almacenarlas a largo plazo y con la elaboración de medicamentos funcionales.

Directas a la cesta

No cabe duda de que es mejor disfrutar las setas frescas tras recolectarlas, si se han cosechado en el momento justo. Sin embargo, no siempre es fácil tenerlas así si solo se consiguen en supermercados, donde a menudo están plastificadas y un tanto ajadas. La calidad del producto en el momento de su consumo suele depender de cómo se haya almacenado y cuánto tiempo, de la manipulación y la especie. En el frigorífico, las setas solo aguantan 5 a 10 días como máximo. En el caso de especies delicadas, como las colibias (*Flammulina filiformis*), tienden más a los 5 días, mientras que las variedades más resistentes, como los champiñones (*Agaricus bisporus*), tienden a los 10.

Las setas tienden a descomponerse deprisa, más aún que la mayoría de las hortalizas. Esto se debe a que contienen mucha agua y, además, están repletas de enzimas digestivas. A esto hay que sumarle que los mohos y otros microorganismos prosperan en la carne rica en nutrientes, lo que acelera aún más el proceso de descomposición. Por suerte, existen diversas opciones de almacenamiento con las que maximizar la vida útil de nuestras setas si no podemos consumirlas en el momento de la recolección.

Consejos de almacenamiento

Refrigeración

No hace falta ningún equipo especial.

Límpielas en seco. Limpie al principio las setas en seco con un trozo de papel de cocina, ¡pero no las lave con agua!

No las envuelva en plástico. Lo mejor es usar un material absorbente, como el papel de estraza, que elimine el exceso de humedad y permita la circulación de aire fresco.

Las setas solo deben lavarse con agua justo antes de consumirlas. Son como una esponja, y, cuanto más húmedas estén, más rápido se estropearán.

Guárdelas enteras. Al picar o cortar las setas, se aumenta la superficie expuesta, lo que acelera el proceso de descomposición.

Separe las especies al guardarlas. Si se mezclan, las especies que se descompongan más rápido contaminarán a las otras.

Guárdelas en el espacio principal del frigorífico. El cajón de las verduras suele estar más húmedo, lo cual puede acelerar el desarrollo del moho.

El tiempo máximo de conservación en las condiciones correctas para obtener la mejor calidad es de 5 a 10 días.

Congelación

No hace falta ningún equipo especial.

Límpielas en seco. Limpie al principio las setas en seco con un trozo de papel de cocina, ¡pero no las lave con agua!

Cuézalas primero. Dado que las setas son en su mayor parte agua, al cocerlas primero se elimina buena parte de la humedad, lo que ayuda a evitar que se formen cristales de hielo en la carne y se estropee la estructura.

Congélelas primero en una bandeja. Si puede congelarlas de forma individual en una bandeja antes de congelarlas por completo, evitará que las setas formen un bloque, con lo que podrá retirar porciones sin necesidad de descongelar todo el lote.

Etiquételas. Al etiquetar las bolsas o los recipientes, podrá rotar las existencias y gestionarlas con eficacia.

El tiempo máximo de conservación en las condiciones correctas para obtener la mejor calidad es de 4 a 6 meses.

Cocción a presión

Hace falta equipo especial.

Precueza las setas. Así se elimina la humedad y cabe más cantidad en cada tarro, con lo que se gana en espacio y tiempo.

Use tarros ya esterilizados. De este modo, se reduce el riesgo de que haya microorganismos no deseados.

Rellene los tarros. Introduzca las setas en los tarros mientras están aún calientes de la cocción y de modo que solo queden 2,5 cm de espacio libre en la parte superior.

Infórmese. Siga siempre recetas de eficacia probada para, así, reducir el riesgo de enfermedades transmitidas por los alimentos.

Cueza los tarros a presión. Siga siempre las instrucciones del fabricante al usar una olla a presión.

Mantenga las setas en un lugar fresco y oscuro. Tras la cocción, deje que las setas se enfríen bien antes de guardarlas y, luego, manténgalas en un lugar fresco y oscuro para almacenarlas durante un período prolongado.

Al abrir los tarros, el líquido escurrido se puede utilizar a modo de caldo.

El tiempo máximo de conservación en las condiciones correctas para obtener la mejor calidad es de 1 a 2 años.

Deshidratación

Mejor con equipo especial.

Límpielas en seco. Limpie al principio las setas en seco con un trozo de papel de cocina, ¡pero no las lave con agua!

Córtelas muy finas. Al laminarlas, la deshidratación es mucho más eficiente. Si no se deshidratan bien, no tardarán en crecerles mohos y bacterias y en contaminar las setas secadas correctamente que estén en el mismo recipiente.

Use un deshidratador adecuado. Aunque las setas se pueden secar en el horno, con un buen deshidratador se les insufla aire caliente con uniformidad, lo que permite deshidratarlas de una forma mucho más completa.

Deles espacio. A fin de conseguir una deshidratación uniforme, asegúrese de que las setas laminadas no se solapen al ponerlas en la bandeja del deshidratador.

Compruebe que estén bien deshidratadas. Deben poder romperse limpiamente; si antes de hacerlo se doblan, aún no están secas del todo.

Use tarros de cristal. Lo idóneo es usar tarros de cristal esterilizados con tapa hermética, ya que permiten controlar con facilidad el estado de las setas a lo largo del tiempo.

Use bolsitas de gel de sílice. Al usar en los tarros un sistema que absorba la humedad, como estas bolsitas, reducirá el riesgo de que entre humedad en ellos cada vez que use las setas.

Tenga las setas en un lugar fresco y oscuro. Deje que las setas se enfríen bien antes de guardarlas y, luego, manténgalas en un lugar fresco y oscuro para almacenarlas durante un período prolongado.

Rehidrate las setas con agua hirviendo y reserve el líquido para hacer caldo.

El tiempo máximo de conservación en las condiciones correctas para obtener la mejor calidad es de 12 meses.

Suplementos para la salud

Aunque la mayoría de las setas se utilizan con fines culinarios debido a su sabor y textura excepcionales, la concienciación sobre sus beneficios para la salud aumenta a grandes pasos. Su increíble perfil nutricional, repleto de vitaminas y minerales, las convierte en un elemento clave tanto de dietas vegetarianas como omnívoras. La búsqueda de soluciones más holísticas y naturales a problemas de salud comunes que las que nos ofrece la medicina moderna nos lleva a redescubrir la sabiduría ancestral en torno al uso de los hongos por sus propiedades medicinales y a explorar más a fondo los medios por los que podemos acceder a sus potentes sustancias químicas para fomentar nuestra salud.

El aumento de este interés por el autocuidado, la alimentación funcional y la medicina holística lleva a que los entusiastas de la salud profundicen en cómo elaborar sus propios suplementos en casa con ingredientes totalmente rastreables para, así, garantizar la calidad de lo que introducen en su organismo. Además de la trazabilidad, elaborar suplementos en casa también supone un ahorro (debido a las dificultades que implica la producción en serie de suplementos como las tinturas, puede resultar caro disfrutar de un suministro regular).

Existen muchas opciones para elaborar suplementos a base de setas en casa. Aquí exploraremos algunas y veremos las mejores especies de setas y lo que nos ofrecen. Tenga presente que, aunque son una herramienta útil, los suplementos de setas solo son eficaces al combinarse con una dieta equilibrada y un estilo de vida saludable. Siempre recomiendo consultar las opciones con un profesional de la salud antes de utilizar un nuevo suplemento, sobre todo si lo preparamos en casa. Cada persona reacciona de una forma a los suplementos a base de setas, por lo que su dosificación puede ser bastante complicada. Siempre es recomendable empezar con un nivel bajo e ir aumentándolo hasta llegar a uno en el que se pueda disfrutar con seguridad de los beneficios de estos maravillosos seres.

El líquido marrón oscuro de una tintura medicinal (tintura de doble extracto).

Selección de la seta y el método adecuados

Elegir la seta adecuada es fundamental a la hora de elaborar un suplemento destinado a abordar problemas de salud específicos. Cada una tiene sus propiedades y puede contener distintas sustancias activas que generen el beneficio que se busque. Además, las variantes de cada especie pueden tener distintas cantidades de sustancias activas. Por ejemplo, dentro del género *Ganoderma*, que es el de la pipa de Sichuán, hay varias especies: *G. lucidum* (que crece en todo el mundo) y *G. sichuanense* (que se da sobre todo en Asia Oriental). Cada una tiene distintos niveles de triterpenoides y polisacáridos (las principales sustancias bioactivas), lo que hace que, como suplemento para la salud, la especie *G. sichuanense* sea la más beneficiosa. Se tiene constancia de cientos de especies de setas «medicinales», por lo que, antes de cultivar o abastecerse de cuerpos fructíferos para elaborar un suplemento, merece la pena investigar a fondo para asegurarse de que le merezca la pena el esfuerzo.

Preparación de orellanas rosadas (*Pleurotus djamor*) para la cocción.

Especies medicinales populares

REISHI

También conocida como «seta de la inmortalidad», se usa en la antigua medicina oriental. Se le atribuye la capacidad de fomentar la función del sistema inmunitario, mejorar la calidad del sueño y, por lo tanto, reducir la fatiga. Destaca sobre todo por mitigar el impacto del estrés, el cual probablemente sea una de las causas más comunes de los problemas de salud en el mundo actual. *Ganoderma* sp.

POLÍPORO FRONDOSO

Esta seta, relativamente escurridiza, suele crecer en la base de los robles de bosques antiguos. Estimula el funcionamiento del sistema inmunitario y regula los niveles de azúcar en sangre. Posee además unas fantásticas propiedades antioxidantes que se dan en otras setas medicinales. *Grifola frondosa*.

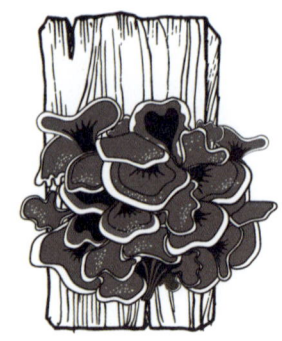

MELENA DE LEÓN

Es uno de los ingredientes más de moda en la medicina holística contemporánea. Es muy apreciada por sus propiedades neuroprotectoras, ya que reduce la degradación cerebral. Este aspecto suscita expectación en la investigación sobre la demencia y, al parecer, puede mejorar a corto plazo la función cognitiva, la memoria y la concentración. *Hericium erinaceus.*

SETA DE ROBLE

Además de todos los motivos culinarios que hay para cultivar setas de roble, se le atribuye la capacidad de mejorar la salud cardiovascular, mejorar la función inmunitaria y ayudar en la prevención del cáncer. Es probable que se trate de la seta más fácil de conseguir y la más asequible de esta lista. *Lentinula edodes.*

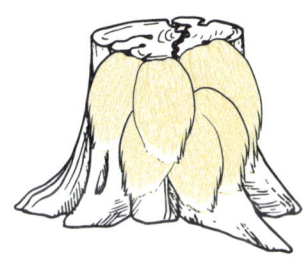

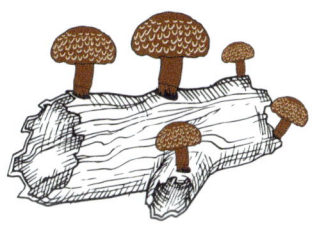

CORDYCEPS

Las setas de este género llevan usándose cientos (si no miles) de años en la medicina china. Es probable que sean las setas de aspecto y comportamiento más extraños que existen. Suelen usarse en terapia deportiva, ya que al parecer aumentan los niveles de energía y la resistencia, y mejoran el rendimiento.

YESQUERO MULTICOLOR

Es una seta que crece de forma prolífica y recuerda mucho a la cola de un pavo, por lo que se reconoce con facilidad si se busca en la naturaleza (al buscar setas, siempre debe hacerse con un profesional experimentado). Está repleta de antioxidantes y favorece en gran medida el funcionamiento del sistema inmunitario. Con todo, lo más interesante es su capacidad para mejorar la eficacia de otros tratamientos. Aunque aún no hay pruebas concluyentes, resulta prometedora para aumentar la eficacia de tratamientos tan determinantes como la quimioterapia. *Trametes versicolor.*

CHAGA

Probablemente una de las opciones menos conocidas, se la considera una auténtica todoterreno. Se dice que tiene unas potentes propiedades antioxidantes y antiinflamatorias que ayudan enormemente a mejorar la salud general y a recuperarse de lesiones. *Inonotus obliquus.*

Nota: es importante señalar que no existe una única cura mágica; sin embargo, al incorporar tantas sustancias positivas y eliminar tantas perjudiciales como sea posible de nuestras dietas y planes de salud, no cabe duda de que podremos dar un paso hacia un estilo de vida más completo y saludable. Del mismo modo, si se combinan diversas sustancias bioactivas beneficiosas, funcionan mejor juntas y mejoran su eficacia global.

Polvos

Hacer setas en polvo es un proceso fácil de realizar en casa, aunque resulta más eficaz cuando se usan ciertos utensilios del menaje de cocina. Al pulverizar las setas, se pueden elaborar tanto aromatizantes culinarios como la base de algunos suplementos para la salud. Además, es una forma estupenda de almacenar las setas de forma eficaz sin necesidad de mucho espacio.

1. El primer paso es la deshidratación total de las setas. Aunque se puede hacer en un horno con ventilador a unos 50-70 °C, puede implicar un gasto elevado, por lo que es recomendable usar un deshidratador, que además es más eficiente. Para ello, siga las indicaciones de la página 164.

2. Una vez secas hasta el punto de que puedan partirse, introduzca las setas en una picadora o batidora y tritúrelas hasta que adquieran la consistencia de un fino polvo uniforme.

3. Guárdelas en un recipiente hermético en un lugar fresco y oscuro hasta que vaya a usarlas.

Superior derecha Algunos de los utensilios que tal vez use al elaborar setas en polvo.

Derecha Setas de roble (*Lentinula edodes*) listas para pulverizarse.

Página siguiente Los pasos para elaborar setas en polvo.

Infusiones y cafés

Preparar infusión o café de setas probablemente sea la forma más fácil de experimentar los beneficios para la salud de las setas medicinales. Es una opción estupenda, ya que nos permite incorporar las setas en la rutina diaria sin necesidad de utensilios especiales ni de preparar comidas adicionales. Al infusionar o remojar un cuerpo fructífero o setas en polvo, se realiza una «extracción con agua caliente», que es un método adecuado para acceder con facilidad a los beneficios de las setas. Sin embargo, ha de tener en cuenta que, aunque sea beneficioso, existen métodos de extracción con agua caliente más eficaces (*véase* página 174).

PARA ELABORAR INFUSIÓN DE SETAS

• Añada un poco de cuerpo fructífero fresco o seco (o 1 cucharadita de polvo) a su taza (a mí me gusta añadirlo en un termo para mantener la temperatura durante la infusión). El uso de un cuerpo fructífero cortado en finas rodajas o en dados da mejores resultados que las setas secas.

• Déjelo infusionarse durante al menos 15 minutos.

• Saque el cuerpo fructífero del té o, si utiliza polvo, remuévalo hasta que se disuelva. Si también puede elaborar tinturas con alcohol, reserve el cuerpo fructífero para su uso posterior.

• Agregue los ingredientes que quiera, como miel, jengibre o tomillo.

PARA ELABORAR CAFÉ DE SETAS

• Prepare café de la forma normal.

• Añada 1 cucharadita de setas en polvo por cada taza y remueva hasta que el polvo se disuelva. Si utiliza una cafetera de émbolo o de algún otro tipo con filtro, añada el polvo ANTES de filtrar para, así, maximizar la eficacia.

• Agregue leche o crema como de costumbre y ¡a disfrutar!

Página siguiente La taza perfecta, preparada con setas medicinales para darle un toque especial.

Tinturas

Si bien añadir cuerpos fructíferos o setas en polvo a las bebidas calientes brinda ciertos beneficios, no nos permite sacarle todo el partido a las sustancias beneficiosas. Es algo a tener muy en cuenta sobre todo si se quieren usar variedades raras o caras, como el políporo frondoso (*Grifola frondosa*) o la melena de león (*Hericium erinaceus*). La tintura de setas es la mejor manera de aprovechar estas sustancias. Dentro de la elaboración de tinturas, estas se pueden realizar mediante extracción por calor, con alcohol o doble. Si no tiene necesidad de evitar el alcohol, la extracción doble es la que brinda los beneficios medicinales más potentes. Tenga en cuenta que se trata de un proceso en dos fases, por lo que puede optar por una u otra, ¡o por ambas!

MATERIALES

Setas secas/en polvo: 200-250 g en total para tener una proporción de 1:5 entre alcohol y setas. Se pueden mezclar especies de setas en una misma extracción si se quiere.

2 tarros de 1 litro con tapas herméticas: los de la marca Kilner son perfectos.

1 litro de vodka de 40%: ha de ser de calidad y se pueden utilizar otros tipos de bebidas, como la ginebra.

Colador o estopilla: para filtrar el producto final.

Agua: lo mejor es el agua destilada, pero también puede usarse agua potable de calidad.

Cacerola: de al menos 5 litros de capacidad.

Botella de cristal: para colar el extracto de agua caliente.

Alcohol isopropílico: para limpiar el instrumental. Si no puede conseguir este alcohol, bastará con agua hirviendo.

Botellas con cuentagotas de cristal (en las que quepa al menos 1 litro de líquido): lo mejor es que sean oscuros.

Embudo de plástico: limpio y sin contaminar.

EXTRACCIÓN CON ALCOHOL

1. Pique o triture las setas para que queden lo más finas posible. Cuanto mayor sea la zona que entre en contacto con el alcohol, mejores resultados tendrá. También puede usar setas en polvo.

2. Añada la mitad de la mezcla de setas (unos 125 g) a cada tarro.

3. Agregue el vodka suficiente como para que la mezcla quede cubierta, pero con un hueco en la parte superior del tarro, ya que las setas deshidratadas ganarán un poco de volumen. Reserve la botella de vodka vacía y el tapón.

4. Agite bien la mezcla.

5. Guárdela en un lugar fresco y oscuro durante 4 a 6 semanas y agítela cada pocos días.

6. Una vez lista la mezcla, pásela por una estopilla o un colador para que caiga en la botella de vodka limpia y vacía.

7. Lea el proceso de extracción con agua caliente (*inferior*) y proceda como se indica.

EXTRACCIÓN CON AGUA CALIENTE

1. Añada unos 2 litros de agua a la cacerola y llévela a ebullición a fuego lento.

2. Cuando termine de colar cada tanda de la extracción con alcohol, añada los restos al agua hirviendo y cuézalos a fuego lento durante al menos 2 horas. Si bien puede añadir agua a medida que la necesite, al final deberá tener un poco más de 1 litro de líquido.

3. Deje que se enfríe a temperatura ambiente.

4. Cuele en una botella de cristal aparte la mezcla de líquido y setas. Al hacerlo, procure exprimir todo el líquido posible de los restos de setas. Cierre la botella con el tapón.

Página anterior Los utensilios necesarios para elaborar la extracción con alcohol.

PREPARACIÓN FINAL

1. Una vez que haya preparado los dos extractos, podrá mezclarlos para obtener una tintura de doble extracto.

2. Añada cantidades iguales de cada líquido en un recipiente adecuado.

3. Si aún no están esterilizados, use agua caliente o alcohol isopropílico para esterilizar las botellas con cuentagotas. A continuación, aclárelas con agua fría y deje que se enfríen y se vacíen.

4. Use un embudo para decantar el líquido en las botellas con cuentagotas.

5. Consérvelo en un lugar fresco y seco durante un máximo de un año (dado que lo idóneo es utilizar siempre tintura fresca, se recomienda preparar lotes más pequeños, pero frecuentes).

Nota:
- Lo recomendable es preparar una cantidad suficiente para 6 meses, ya que la tintura pierde potencia con el paso del tiempo.
- Este proceso implica el uso de alcohol de alta graduación y calentamiento: téngalo siempre presente y proceda con cuidado y sensatez.
- Se pueden combinar diversas variedades de setas en una misma tintura, y, al hacerlo, se puede disponer de una oferta más completa de sustancias beneficiosas.
- Consulte con un profesional de la salud antes de usar tinturas.

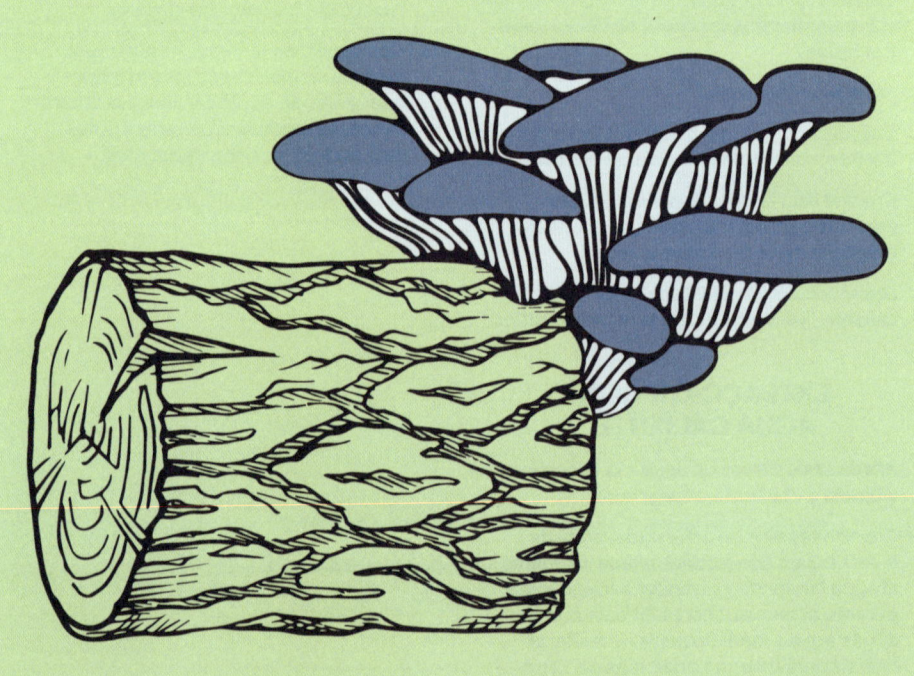

PARTE VI

El futuro de lo fúngico

No me cabe duda de que, a estas alturas, estará de acuerdo en que el futuro de los hongos y el de la humanidad están intrínsecamente ligados. En este último capítulo, veremos cómo puede ser el futuro tanto para los hongos como para nosotros mismos en un mundo en constante cambio. ¿Guardan los hongos los secretos para salvar el mundo y, con él, a la humanidad?

La mente y los psicodélicos

La psilocibina es una sustancia natural que se da en ciertas
setas (a decir verdad, se conocen 200 especies que la
producen). A estas variedades se las conoce coloquialmente
como «setas mágicas» debido a su capacidad para alterar los
estados mentales y provocar fuertes alucinaciones. Cuando
consumimos psilocibina, se convierte en la forma activa
psilocina, que puede interactuar con los receptores
del cerebro, sobre todo con los asociados a la serotonina,
u «hormona de la felicidad». La mayoría de estos receptores
se encuentran en la corteza cerebral, la cual regula el estado
de ánimo, la percepción y el pensamiento. Al interactuar con
estos receptores de serotonina, la psilocina altera la disposición
de la hormona serotonina, lo que contribuye a que se tengan
experiencias psicodélicas. El aumento de la liberación de

serotonina, sumado a la activación de los receptores, provoca experiencias subjetivas, tales como percepción alterada, alucinaciones visuales y estallidos emocionales. Si se cuenta con la guía de un profesional sanitario, esta experiencia puede ser muy intensa para el usuario y tener efectos positivos duraderos (aunque, en algunos casos, pueden ser negativos).

La salud mental es un tema candente en el mundo actual. Si bien cada vez conocemos mejor la mente humana, también son cada vez más los estímulos negativos que pueden conducir a la depresión y a una mala salud mental. En los últimos años, ha cobrado un gran impulso la investigación sobre el uso de setas psicodélicas como solución a muchos problemas comunes de salud mental. Aunque está en sus fases iniciales, resulta muy prometedora. En 2019, un pequeño grupo de investigadores del londinense Imperial College formó el primer centro del mundo dedicado a la investigación del uso clínico de sustancias psicodélicas. Aunque la mente, la depresión y su tratamiento son temas de una enorme complejidad, parece que la psilocina puede «resetear» el cerebro y romper los patrones de actividad persistentes que se manifiestan en la depresión.

Además de su aplicación en el tratamiento de la depresión u otras afecciones como el trastorno de estrés postraumático, la psilocibina también resulta muy prometedora para alterar de forma positiva el comportamiento. Así, por ejemplo, se ha utilizado como parte de la terapia cognitivo-conductual (TCC) para reducir de forma sustancial la ansiedad en pacientes oncológicos y ha ayudado a acabar con adicciones de larga duración, como el tabaquismo.

Página anterior Ejemplares de *Psilocybe cubensis,* seta psicodélica de uso muy extendido.

Protección medioambiental

Al igual que sucede con la investigación psicodélica, el uso de hongos para proteger y regenerar el medio ambiente es un campo de investigación en el que apenas se ha arañado la superficie, aunque existen varias investigaciones prometedoras que ofrecen resultados menos invasivos y a menudo más eficaces que las soluciones tradicionales artificiales o mecánicas.

La biorremediación es el uso de organismos, como bacterias u hongos, para descomponer materiales perjudiciales o contaminantes que haya en el medio ambiente o transformarlos en formas más útiles o menos dañinas. Se está viendo que los hongos tienen una capacidad increíble para consumir sustancias tóxicas del entorno. Las setas del género *Pleurotus* y los hongos de la podredumbre blanca, por ejemplo, se usan para neutralizar contaminantes muy diversos, incluidos aceites derivados del petróleo, pesticidas y otros.

Por otra parte, la biofiltración permite desintoxicar y purificar el agua o el aire. Es la estructura del micelio, con su enorme superficie y sus potentes enzimas, lo que le permite eliminar muchos contaminantes. En *Mycellium Running* (2005), el destacado micólogo e investigador Paul Stamets ha demostrado que un filtro de aire a base de micelio puede atrapar y eliminar contaminantes dañinos transportados por el aire (como, por ejemplo, sustancias cancerígenas como el formaldehído y el benceno). Stamets también ha demostrado el potencial del «micofiltrado» del agua, donde se pueden usar esteras de micelio para absorber contaminantes, como los pesticidas de los cursos de agua.

Hace cientos de años que se utilizan los pesticidas convencionales de forma generalizada en la agricultura comercial. Sin embargo, cada vez somos más conscientes de lo perjudiciales que pueden ser tanto para los seres humanos como para el medio ambiente, ya que, además de que son tóxicos, no se puede controlar dónde puede acabar esa toxicidad una vez liberada.

Los biopesticidas son una alternativa natural a las versiones químicas convencionales. Dentro de estos están los micoinsecticidas, que son un grupo de hongos entomopatógenos (en esencia, hongos que son parásitos de insectos). Se pueden combinar diversas especies para adaptarlas al problema de plagas que se intente resolver.

Página siguiente
Este desafortunado saltamontes ha sucumbido al ataque de setas del género *Cordyceps*.

A la hora de funcionar, liberan esporas que se adhieren a la cutícula (exoesqueleto) de los insectos, en los cuales germinan dichas esporas hasta provocarles la muerte. Lo bueno de esta opción es que es selectiva, por lo que las esporas no afectan a otros animales o insectos a los que el hongo no esté adaptado a parasitar y, por lo tanto, es mucho más segura que las opciones tradicionales. Un ejemplo de estos hongos es *Beauveria bassiana*, el cual ataca específicamente a insectos, como pulgones, moscas blancas y escarabajos.

En páginas anteriores se ha hablado del moho *Trichoderma*, un contaminante prolífico en los cultivos domésticos. Aunque en estos no sea bienvenido, es un útil biopesticida que disuade a los hongos parásitos de las plantas: al colonizar las raíces, impide que estos otros hongos más dañinos se establezcan, con lo que refuerza el mecanismo de defensa de las plantas.

Materiales de construcción y otras alternativas

La industria de la construcción, una de las más dañinas del mundo, ejerce un importante impacto ambiental a lo largo de su «ciclo de vida» (desde la extracción de materiales hasta la demolición y la generación de residuos). Por suerte, se explora la aplicación de materiales bicompuestos miceliales (es decir, aquellos hechos de micelio y otro sustrato) en toda una serie de aplicaciones, desde bases militares a viviendas, y desde establecimientos de comida rápida a esculturas.

El micelio es la base perfecta a la hora de crear materiales de construcción estables, inertes, ligeros, aislantes, conductores y diversos que se hacen con productos de desecho y pueden tener una huella de carbono negativa si se obtienen de la forma correcta. Además, al poder biodegradarse, carece de los impactos a largo plazo asociados a la gestión de residuos. Se puede usar para crear estructuras no permanentes y dejar que se biodegraden de forma natural, lo que ahorra gastos y protege el medio ambiente.

Uno de los conceptos más avanzados es el uso de bloques de micelio en lugar de ladrillos: se puede usar plástico reciclado para crear una capa exterior que se rellena con un bicompuesto micelial al que después se le añaden distintos materiales para darle al bloque las propiedades que se quiera. Así, por ejemplo, se puede añadir arena para hacerlo refractario o agregarle color para que tenga un tono que se integre en el entorno. Otra ventaja es que el proceso de fabricación captura carbono en lugar de generarlo. Además, tanto el micelio como el sustrato en el que crezca pueden proceder de residuos agrícolas.

Aunque la mayor parte de la inversión para esta investigación se destina a la construcción comercial, también hay aplicaciones destinadas a lo doméstico, como recipientes, vajillas y muebles de micelio. En fechas recientes participé en un proyecto en el que creamos una colmena con micelio (*véase derecha*), la cual ofrecía unas condiciones idóneas por su naturaleza maleable y sus excelentes propiedades aislantes.

No cabe duda de que parece que el único límite a la aplicación del micelio como material de construcción es nuestra imaginación.

Página siguiente Trabajé con la talentosa artista Kelly O'Brien para crear una colmena hecha en su totalidad de micelio.

Lo que está por venir

Hemos explorado el apasionante mundo de los hongos y hemos viajado juntos para desvelar las maravillas ocultas de estos extraordinarios organismos. Hemos aprendido sobre nuestra historia común, su comportamiento y cómo cultivarlos y usarlos en la vida cotidiana. Hemos arrojado luz sobre los enormes beneficios que nos aportan.

Al hacer que nuestra conexión con el mundo natural se profundice, podemos fomentar una fuente sostenible y abundante de recursos nutricionales y medicinales. Además, ahora que ya conoce los procesos de cultivo, puede recuperar la soberanía alimentaria y comprender mejor el mundo que le rodea.

En el futuro, los hongos desempeñarán un papel cada vez más activo en todos los aspectos de la vida humana, desde la agricultura sostenible hasta la medicina avanzada y la restauración ecológica: ¡aún no podemos imaginar los límites de su potencial! Con cada nuevo descubrimiento e innovación, nos acercamos más al pleno aprovechamiento del poder transformador de las setas.

Ahora que ha llegado al final de este libro, tal vez piense, como yo, que es increíble que la mayoría de la gente apenas le preste atención al fabuloso mundo de los hongos, y mucho menos que lo comprenda, ya que en la educación convencional apenas se aborda este reino esencial. No me cabe duda de que, ahora que conoce qué son y cómo se comportan los hongos, estará deseando incorporarlos en su vida cotidiana.

Es innegable que los humanos hemos perdido el contacto con los procesos naturales y cómo interactúan a diario con nuestro bienestar. Al reconectar con los hongos e incorporarlos a nuestra vida cotidiana, podemos dar un paso atrás hacia nuestros conocimientos ancestrales, donde la relación con estos organismos era esencial para la supervivencia.

El modo en que su comportamiento y su biología sustentan casi todos los ecosistemas terrestres es prodigioso. En los últimos cien años hemos empezado a comprender que los hongos nos han aportado mucho, tanto posibles soluciones a problemas de salud mental como curas para enfermedades potencialmente mortales y una mayor comprensión del ciclo de la vida. En cuanto a las posturas políticas en torno al uso de sustancias psicodélicas, asistimos a un resurgimiento en la investigación que promete remodelar nuestra comprensión de la mente, el mundo y nuestro lugar en él.

Pese a todo, me pregunto cuánto más queda por descubrir y qué más pueden hacer los hongos por nosotros. Aunque se desconoce el número exacto de especies fúngicas que hay en la Tierra, se cree que son al menos cientos de miles, y más probablemente millones. Cada año se descubren unas 2500 nuevas especies, pero la mayoría siguen siendo desconocidas. Incluso dentro de las que sí conocemos, estamos muy lejos de comprenderlas por completo y de aprovechar al máximo sus propiedades beneficiosas. Por ejemplo, hasta la década de 1950 se creía que los hongos micorrícicos eran parásitos perjudiciales para las plantas, pero ahora se considera que son fundamentales para la supervivencia de hasta el 95 por ciento de las plantas del mundo.

La actividad humana ha tenido un drástico efecto en la biodiversidad y la estructura poblacional de todos los seres vivos de la Tierra, y los hongos no son una excepción. Por desgracia, dado que el reino de los hongos está poco estudiado, es difícil saber cuándo se pierde una especie clave esencial. Así, mientras que, por ejemplo, la extinción del rinoceronte negro occidental suscitó una gran y merecida atención mediática, cada día perdemos especies de hongos que pueden tener las claves de la supervivencia del planeta sin que ni siquiera lo sepamos. Dado que la mayoría de los descubrimientos de nuevas especies corren a cargo de entusiastas y aficionados, es esencial que, si encuentra algo inusual, se asegure de documentarlo y contribuya a la conservación de estos maravillosos seres. Al poner en práctica los conocimientos y las técnicas que se abordan en estas páginas, podremos apreciar mejor el extraordinario mundo de los hongos y las infinitas oportunidades que nos brindan.

Adentrémonos en el futuro, donde los hongos están a punto de revolucionar el mundo que nos rodea... ¡y no será la primera vez que lo hagan!

Dos de las cosas que más me gusta hacer: cultivar setas y estar con Charlie, mi perro.

Página anterior La más letal: una siniestra oronja verde (*Amanita phalloides*) que encontré en el bosque de mi localidad.

Superior Un colorido puñado de setas de pie azul (*Lepista nuda*) que han brotado en pleno invierno.

Índice

Los números de página en *cursiva* se refieren a las ilustraciones.

Agradecimientos

Quiero dar las gracias a mi familia, a mis amigos y al equipo de Urban Farm-It por haberme apoyado en los momentos difíciles y haber compartido los buenos.

Un agradecimiento especial a mi madre, Gail, que se ha encargado de revisar el libro varias veces.

CRÉDITOS ADICIONALES DE LAS IMÁGENES

10, Aimée Cornwell; 20 (*superior*), Mike Kennard; 20 (*inferior*) Alamy/Kevin Wells; 26, akg-images/Andrea Baguzzi; 27, Alamy/Album; 31, Alamy/Frank Hecker; 40, iStock/Juan Francisco Moreno Gámez; 43, Mike Kennard; 44, iStock/Andreas Häuslbetz; 48, Mike Kennard; 49, Shutterstock/Xinhua; 50, Shutterstock/MarLein; 53, Dreamstime.com/Physiodave; 59, Aimée Cornwell; 66 (*derecha*), Shutterstock/Marianna Kara; 73, iStock/Elena Rui; 74 (*derecha*), Mike Kennard; 76 (*superior*), Aimée Cornwell; 76 (*inferior*) Alamy/Jay O'Sullivan; 78, Max Tubbs; 87, Aimée Cornwell; 121, Scribe Dondi-Smith; 123, Scribe Dondi-Smith; 178, Alamy/Magdalena Rehova; 181, Science Photo Library/Dr Morley Read